普通高等学校规划教材

电工电子技术实验

DIANGONG DIANZI JISHU SHIYAN

主 编 彭小峰 王玉菡 杨 奕

副主编 曹 阳 陈古波 张 杰

重庆大学出版社

内容提要

本书总结了近年来电工电子实验的教学经验,并根据 2015 年实验教学大纲的要求重新编写。第 1 章主要介绍电工仪表的基本原理及使用方法;第 2 章针对常用电子元件,让学生对电子元器件、电子参数的基本测量方法有一定的了解;第 3 章为电工基础实验项目,新增加 5 个实验项目;第 4 章为模拟电路基础实验项目,新增加 2 个实验项目;第 5 章为数字电路基础实验项目,新增加 2 个实验项目;第 6 章介绍仿真软件 Multisim 14 的应用,新增加 1 个仿真项目。通过系统学习,本书力图使学生熟练掌握和运用各种单元电路,并进行各种电参数的测量,掌握各种集成电路的功能以及基本应用。附录部分列出了部分集成电路的引脚排列,便于查阅。

本书可作为高等院校非电类专业"电工电子实验"课程的教材,也可供相关技术人员参考。

图书在版编目(CIP)数据

电工电子技术实验 / 彭小峰,王玉菡,杨奕主编. -- 重庆:重庆
大学出版社,2018.1(2023.1 重印)
ISBN 978-7-5689-0687-6

Ⅰ.①电… Ⅱ.①彭…②王…③杨… Ⅲ.①电工技术—实验—高等
学校—教材②电子技术—实验—高等学校—教材 Ⅳ.
①TM-33②TN-33

中国版本图书馆 CIP 数据核字(2017)第 182203 号

电工电子技术实验

主 编 彭小峰 王玉菡 杨 奕
副主编 曹 阳 陈古波 张 杰
策划编辑:何 梅
责任编辑:文 鹏 邓桂华 版式设计:何 梅
责任校对:贾 梅 责任印制:张 策

*

重庆大学出版社出版发行
出版人:饶帮华
社址:重庆市沙坪坝区大学城西路 21 号
邮编:401331
电话:(023)88617190 88617185(中小学)
传真:(023)88617186 88617166
网址:http://www.cqup.com.cn
邮箱:fxk@ cqup.com.cn(营销中心)
全国新华书店经销
POD:重庆市圣立印刷有限公司

*

开本:787mm×1092mm 1/16 印张:12.25 字数:290 千
2018 年 1 月第 1 版 2023 年 1 月第 3 次印刷
印数:3 001—3 500
ISBN 978-7-5689-0687-6 定价:38.00 元

前言

电工电子技术实验是高等工科院校实践环节的一个重要组成部分。通过这门课程的学习,学生可以将电工电子技术基础理论与实际操作有机结合起来,加深对理论知识的理解,逐步培养和提高自身的实验能力、实际操作能力、独立分析问题的能力和解决问题的能力,以及创新思维能力和理论联系实际的能力。

本书总结了近年来电工电子实验的教学经验,并根据2015年实验教学大纲的要求重新编写。第1章主要介绍电工仪表的基本原理及使用方法;第2章针对常用电子元件,让学生对电子元器件、电子参数的基本测量方法有一定的了解;第3章为电工基础实验项目;第4章为模拟电路基础实验项目;第5章为数字电路基础实验项目;第6章介绍仿真软件Multisim 14的应用。通过系统学习,本书力图使学生熟练掌握和运用各种单元电路,并进行各种电参数的测量,掌握各种集成电路的功能以及基本应用。附录部分列出了部分集成电路的引脚排列,便于读者查阅。实验要求学生预习时对实验内容进行仿真,仿真完成之后再到实验室进行实物实验,将实物实验与虚拟仿真实验有机地结合起来,更可以将许多实验室中无法进行的实验操作或操作难度大的实验内容通过上机进行仿真,极大地丰富了实验内容。

本书第1,3章由彭小峰编写;第4,5章由彭小峰、王玉菡、杨奕编写;第2章由陈古波、陶炳清编写;第6章由张杰、曹阳编写;附录由古良玲、李民编写。全书由彭小峰负责统稿。

本书在编写过程中得到重庆理工大学电工电子技术实验中心和理论电工电子教研室各位老师的大力支持和帮助,同时,钱微高级工程师对部分章节进行了审阅,研究生刘世涛、张勋、毛昉对全书的文字、标号进行了编排,在此一并表示衷心的感谢!

由于编者水平有限,书中的不足之处,恳请读者批评指正。

编 者
2017 年 5 月

目录

绪　论

1）实验课的作用

电工电子技术实验是工科专业中不可或缺的重要教学环节。电工电子技术实验的内容涉及电工与电子技术的基本理论以及实践中的常见现象,通过实验能将理论与实践相结合,巩固所学知识;通过实验能培养有关电路连接、电工测量及故障排除等实验技巧;通过实验能学到常用电工仪器仪表的基本原理、使用与选择方法;通过实验能学习数据的采集与处理、各种现象的观察与分析等。以上这些正是培养电气工程技术人员必要的基本训练。

本实验课的主要作用就是对学生进行基本技能的训练,提高学生用基本理论分析问题与解决问题的能力,同时在实验过程中培养学生严肃认真的科学态度和细致踏实的实验作风,为今后的专业实验、生产实践与科学研究打下坚实的基础。

2）实验课的基本要求

（1）仪器与仪表的使用

正确使用交直流电压表、电流表、功率表和万用表,会使用常用的一些电工设备;会使用一些电子仪器、仪表及电子设备,如数字示波器、直流稳压电源、函数信号发生器。

（2）参数测量

测量电压、电流,观察信号波形,测量电阻器、电容器、电感器参数和电压、电流特性及功率、功率因数。

（3）实验操作

能正确布局和连接实验电路,认真观察实验现象和准确读取实验数据,具备初步分析和排除实验故障的能力。

（4）实验报告

能写出合符规格的实验报告,正确绘制实验曲线,作出初步的实验分析。

3）实验课的进行

（1）课前预习

实验效果的好坏与实验的预习密切相关。学生应事先认真阅读实验指导书,经过思考后,编写出预习报告(也是正式报告的一部分),做到对每个实验心中有数。只有心中有数,才能做到有条不紊,主动地去观察实验现象,发现并分析问题,取得最佳实验效果。如果心中无数,必然手忙脚乱,完不成实验任务,达不到实验的目的与要求,甚至发生事故。

预习的重点是:①明确实验目的、任务与要求,估算实验结果;②复习有关理论,弄懂实验原理、方法,熟悉实验电路;③了解所需的实验元件、仪器设备及其使用方法。

(2)熟悉设备和接线

应在接线之前了解使用的仪器、设备的接线端,刻度,各旋钮的位置及作用,电源开关位置,确定所用仪表的量程及极性等。

应根据实验线路合理布置仪表及实验器材,以便接线、查对、操作及读数。对初学者来说,首先应按照电路图进行布局与接线。较复杂的电路应先串联后并联,同时考虑元件、仪器仪表的同名端、极性和公共参考点等与电路设定的方位一致,最后连接电源端。接线时,避免在同一端子上连接3根以上的连线(应分散接),减少因牵动(碰)导线而引起端子松动、接触不良或导线脱落。电表的端子原则上只接1根线。改接线路时,应力求改动量最小,避免拆完重接。

(3)通电操作及读数

线路接好后,经自查无误,并请指导教师复查后方可接通电源。通电操作时必须集中注意力观察电路的变化,如有异常,如出现声响、冒烟、发臭等现象,应立即断开电源,检查原因。接通电源后应将设备操作一遍,观察实验现象,判断结果是否合理。若结果不合理,则线路可能有误,应立即切断电源,重新检查线路并修正;若结果合理,则可正式操作。读数时要姿势正确、思想集中,防止误读。数据要记录在事先准备好的表格中,凌乱和无序的记录常常是造成错误和失败的原因。为了获得正确的数据,有时需要把数据绘成曲线,读数的多少和分布情况,应以足够描绘一条光滑而完整的曲线为原则。读数的分布可因曲线的曲率而异,曲率较大处可多读几点。

(4)实验结束

完成全部实验内容后,不要急于拆除线路,应先检查实验数据有无遗漏或不合理的情况,经指导教师同意方可拆除线路,整理桌面,摆放好各种实验器材、用具,方可离开实验室。

(5)安全操作问题

实验过程中应随时注意安全,包括人身与设备的安全。除上面已提到过的一些注意事项外,还需特别注意以下几点:

①当电源接通进行正常实验时,不可用手触及带电部分,改接或拆除电路时必须先切断电源。

②使用仪器仪表及设备时,必须了解其性能和使用方法。切勿违反操作规程乱拨乱调旋钮,尤其注意不得超过仪表的量程和设备的额定值。

③如果实验中用到调压器、电位器以及可变电阻器等设备时,在电源接通前,应将其调节位置调至使电路中的电流为最小的地方,然后接通电源,再逐步调节电压、电流,使其缓慢上升,一旦发现异常,应立即切断电源。

4)**故障的类型与原因**

实验中出现各种故障是难免的。学生通过对电路简单故障的分析、具体诊断和排除故障,逐步提高分析问题与解决问题的能力。在电工技术实验中,常见的故障包括开路、短路或介于两者之间。不论何类故障,如不及早发现并排除,都会影响实验进行甚至造成损失。

故障原因大致有以下几种:

①实验线路连接有错误。

②元器件、仪器仪表、实验装置等使用条件不符或初始状态值给定不当。

③电源、实验电路、测试仪器仪表之间公共参考点连接错误或参考点位置选择不当。

④接触不良或连接导线损坏。

⑤布局不合理,电路内部产生干扰。

⑥周围有强电设备,产生电磁干扰。

5)故障检测

故障检测的方法很多,一般是根据故障类型确定部位,缩小范围,然后在小范围内逐点检查,最后找出故障点并予以排除。

简单实用的检测方法就是用万用表(电压挡或电阻挡)在通电或断电状态下检查电路故障。

通电检测法:使用万用表电压挡(或电压表)在接通电源情况下检测故障。根据实验原理,电路中某两点应该有电压而测不出电压;或某两点不应该有电压而测出了电压,那么故障必在此两点间。

断电检查法:使用万用表电阻挡在断开电源情况下检测故障。根据实验原理,电路中某两点应该导通(或电阻极小),但万用表测出开路(或电阻很大);或两点间应该开路(或电阻很大),但测得的结果为短路(或电阻很小),则故障在此两点间。

有时电路中有多种或多个故障,并且相互掩盖或影响,但只要耐心细致地去分析查找,就能够检测出来。

要针对故障类型和电路结构情况选择检测方法。如短路故障或电路工作电压较高(200 V以上),不宜用通电法(电阻挡)检测。因为这两种情况存在时,有损坏仪表、元件和触电的可能。

一般情况下,按故障部位直接检测,当故障原因和部位不易确定时,按下列顺序进行:

①检查电路接线有无错误。

②检查电源供电系统,从电源进线、熔断器、开关至电路输入端子,依次检查各部分有无电压,是否符合标准。

③主、副电路中元件、仪器仪表、开关连接导线是否完好和接触良好。

④检测仪器部分,供电系统、输入、输出调节,屏幕显示及探头、接地点等。

6)数据分析处理

分析实验结果是实验的重要环节,通过整理及编写实验报告可以系统地理解实验教学中所获得的知识,建立清晰的概念。实验结果有数据、波形曲线、现象等。分析数据一般是进行计算、描绘曲线、分析波形及现象,找出其中典型的、能说明问题的特征,并找到条件(参数)与结果之间的联系,从而说明电路的性质。分析数据时必须注意误差的判别,有关电工测量的误差分析将在第4章中介绍。实验曲线是以图形的形式更直观地表达实验结果的语言。作好实验曲线的基本要点如下:

①图纸选择要恰当。本实验课主要采用毫米方格纸,频率特性曲线用单对数坐标绘制效果更好。除特殊要求外,一般按正方形式1:1.5矩形图面来选定单位比例尺。比例尺以处理后的实验数据为依据作合理选择。

②坐标的分度要合理。坐标上以 X 轴代表自变量,Y 轴代表应变量,坐标的分度就是坐标轴上每一格代表值的大小。分度的选择应使图纸上任一点的坐标容易读数。为了便于阅读,

应将坐标轴的分度值标记出来,每个坐标轴必须注明名称和单位。

③曲线绘制要细心。一般情况下把实验数据在坐标纸上用"○""#"或"△"等符号标出即可。按照所描的点作曲线应使用曲线板、曲线尺等作图仪器。描出的曲线应光滑匀整,不必强使曲线通过所有的点,但应与所有的点相接近,同时使未被曲线经过的点大致均匀地分布在曲线的两侧。

④加上必要的注释说明。在每一图形下面应将曲线代表的意义清楚明确地写出,使阅读者一目了然。

7)**实验报告的要求和内容**

实验报告是学生进行实验的全过程总结。它既是完成教学环节的凭证,也是今后编写其他工程(实验)报告的参考资料。因此,要求文字简洁、工整,曲线图表清晰,实验结论要有科学根据和分析。

实验报告应包括以下内容:

①实验目的。

②实验原理与说明。

③实验任务。列出具体任务与要求,画出实验电路图,拟订主要步骤和数据记录表格。

④实验仪器与设备。记录实验中使用的仪器与设备的名称、型号、规格和数量。

⑤实验图表。

⑥实验结论与分析。

⑦实验思考题解答。

实验报告中的第1—4项应在预习时完成,实验中补充完善;第5—7项应在实验中基本形成,实验结束后整理完善。

第 **1** 章
电工测量基础知识

1.1 测量与测量仪表

测量是人们借助于专门的设备,通过实验的方法对客观事物取得数量观念的认识过程。从日常生活和实验中可以举出很多浅显的事例,如用尺子量布的长度,用电压表测量电网电压。测量可以定义为:用实验的方法将被测量直接或间接地与作为测量单位的标准量相比较的过程。在比较过程中确定被测量是这个标准量的多少倍,从而确定被测量值的大小。若测得市网的电压为 220 V,即"1 V"是标准量(比较单位),被测量(市电)是 1 V 的 220 倍。测量结果是由比较的倍数和用作比较的单位两部分组成。电气测量单位和符号见表 1.1.1。

表 1.1.1 电气测量单位和符号

名 称	符 号	名 称	符 号	名 称	符 号
千安	kA	兆瓦	MW	赫兹	Hz
安培	A	千瓦	kW	兆欧	MΩ
毫安	mA	瓦特	W	千欧	kΩ
微安	μA	兆乏	Mvar	欧姆	Ω
千伏	kV	千乏	kvar	毫欧	mΩ
伏特	V	乏尔	var	微欧	μΩ
毫伏	mV	兆赫	MHz	相位角	φ
微伏	μV	千赫	kHz	功率因数	$\cos \varphi$

1.1.1 测量方法的分类

测量方法分类的形式很多,根据测量仪器不同,将测量方法分为以下 3 种:

1）直接测量

被测量的数字大小能直接在测量仪器上显示出来。例如,用电压表测量电压,用电桥测量电阻,用频率计测量频率等。直接测量简单易行,所需测量时间短,并有可能达到很高的精度。

2）间接测量

当被测量的大小不便于直接测量时,可以利用被测量与某种中间量之间的函数关系先测出中间量,然后通过计算公式算出被测量。例如,用伏安法测电阻,即先用直接测量方法测出电阻中通过的电流 I 及端电压 U,再根据欧姆定律 $R = U/I$,便可计算出 R 的数值。仅在直接测量不方便、误差较大或缺乏直接测量仪器等情况时,方采用此法。

3）组合测量

测量中改变测量条件,使各未知数以不同的组合形式出现,根据直接测量和间接测量所得数据,通过解一组联立方程而求出未知量的数值。例如,为了测量导体电阻的温度系数 α, β 之值,需利用电阻与温度的关系式

$$R_{t1} = R_{20}\left[1 + \alpha(t_1 - 20) + \beta(t_1 - 20)^2\right] \tag{1.1.1}$$

$$R_{t2} = R_{20}\left[1 + \alpha(t_2 - 20) + \beta(t_2 - 20)^2\right] \tag{1.1.2}$$

式中,R_{t1}, R_{t2} 分别为温度 t_1, t_2 时的电阻值。联立解以上方程组即可求得未知量 α, β。

1.1.2 测量仪表的分类

按测量方式不同,测量仪表可分为直读式仪表和比较式仪表两大类。

1）直读式仪表

测量结果可以直接由仪表的指示机构中读出。直读仪表测量迅速,使用方便,是电气测量中使用最多的仪表,如伏特表、安培表、万用表、瓦特表、频率计、示波器等都属于直读式仪表,其缺点是准确度较低。直读式仪表面板标记符号及意义见表 1.1.2。

表 1.1.2 直读式仪表面板标记符号及意义

符　号	意　义	符　号	意　义
—	直流	Ⅰ　Ⅱ　Ⅲ　Ⅳ	仪表防外磁场等级
∽	交流	A　B　C	仪表工作环境等级
≅	交直流	Ⓐ	电流表
3∽ 或 ≡	三相交流	Ⓥ	电压表
⊥ 或 ↑	仪表垂直放置	Ⓦ	功率表
▢ 或 →	仪表水平放置	⌓	磁电系
∠50°	仪表倾斜 50° 放置	⌓	整流系
2 kV	仪表绝缘试验电压为 2 000 V	⊟	电动系
1.0	准确度 1.0 级	⋚	电磁系

2）比较式仪表

比较式仪表将被测量与标准的测量单位进行直接比较而测出数值。如电桥、电位差计等都属于此类。应用比较式仪表测量较复杂,花费时间长,仪表价格较贵,但准确度高,常用于精确测量。

1.1.3　测量仪表的选用

1）仪表的选用

在实际测量中,要根据被测量、仪表特点、测量准确度、实验条件等选用仪表。从各种仪表的结构、测量原理和特点可知,磁电系仪表指针的偏转角与所测电流的平均值成正比,读数是电流的平均值,通常用来测量直流,当然也可用来测量非正弦量的平均值。电动系和电磁系仪表指针的偏转角与所测电流的有效值的平方成正比,读数就是有效值,可用来测量正弦交流和非正弦量的有效值,也可用来测量稳恒直流。磁电系整流式仪表指针的偏转角与整流后电流的平均值成正比,读数是正弦电流的有效值,只能用来测量正弦交流的有效值。一般来说可根据以下5项来选用仪表:

①电流种类:交流、直流、正弦、非正弦。

②作用原理:磁电系、电磁系、电动系、磁电系整流式。

③测量对象:电压、电流、功率。

④准确度:根据测量准确度选择仪表准确度等级。

⑤量程:根据被测量的大概数值选择仪表量程。

2）仪表的使用

合理地选择了仪表,还必须正确地使用它,否则就达不到测量的目的。使用仪表主要应注意以下4个问题:

①仪表的正确工作条件:测量是要使仪表满足正常工作条件,否则会引起附加误差。例如,使用仪表时,应使仪表按规定的位置放置;仪表要远离外磁场和外电场;使用前要使仪表指针指到零位,指针不在零位时,可调节调零器使指针指到零位;对于交流仪表,波形要满足要求,频率要在仪表的允许范围内等。

②仪表的正确接线:仪表的接线必须正确,电流表要串联在被测支路中;电压表要并联在被测支路两端,直流表要注意正负极性,电流从标有"+"端流入。

③仪表的量程:被测量必须小于仪表的量程,否则容易损坏仪表。为了提高测量准确度,一般量程取为被测量的1.5~2倍。如果预先无法知道被测量的大概数值,则必须先用大量程进行测量,测出大概数值,然后逐步换成小量程。

④读数:当刻度盘有几条刻度时,应先根据被测量的种类、量程,选好所需要的刻度。读数时视线要与刻度尺的平面垂直,指针指在两条分度线之间时,可估计一位数字,估计的位数太多,超出仪表的准确度范围,便没有意义了;反之,读数位数不够,不能达到所选仪表的准确度,也是不对的。

1.1.4　仪表的准确度与等级

仪表的基本误差是它本身所固有的,基本误差越小,测量所引起的这一方面的误差就越小,测量就越准确。

所谓仪表的准确度就是仪表在正常工作条件下,仪表全量程范围内的最大绝对误差$|\Delta_{\mathrm{m}}|$与该量程 A_{m} 之比的百分数值,即

$$\pm K = \frac{|\Delta_{\mathrm{m}}|}{A_{\mathrm{m}}} \times 100\% \tag{1.1.3}$$

按国家标准规定,仪表的准确度分为 7 级,见表 1.1.3。前面提到高准确度的仪表就是 0.1 级或 0.2 级的仪表。

表 1.1.3　仪表的准确度等级

准确度等级	0.1	0.2	0.5	1.0	1.5	2.5	5
基本误差/%	±0.1	±0.2	±0.5	±1.0	±1.5	±2.5	±5

这里必须说明一点,测量准确度的高低不仅与仪表准确度等级有关,还和仪表的量程有关。

【例】　用 0.5 级、0~10 V 的电压表和 0.2 级、0~100 V 的电压表测量 8 V 的电压,问哪一块表测量的准确度高?

【解】　用 0.5 级、0~10 V 的电压表测量,可能出现的最大绝对误差为

$$\Delta_{\mathrm{m}} = \pm K \times A_{\mathrm{m}} = \pm 0.5\% \times 10 \text{ V} = \pm 0.05 \text{ V}$$

可能出现的最大相对误差为

$$r_{\mathrm{m}} = \frac{\Delta_{\mathrm{m}}}{A_{\mathrm{0}}} \times 100\% = \frac{\pm 0.05}{8} \times 100\% \quad \pm 0.625\%$$

用 0.2 级、0~100 V 的电压表测量,可能出现的最大绝对误差为

$$\Delta_{\mathrm{m}} = \pm K \times A_{\mathrm{m}} = \pm 0.2\% \times 100 \text{ V} = \pm 0.2 \text{ V}$$

可能出现的最大相对误差为

$$r_{\mathrm{m}} = \frac{\Delta_{\mathrm{m}}}{A_{\mathrm{0}}} \times 100\% = \frac{\pm 0.2}{8} \times 100\% \quad \pm 2.5\%$$

从计算结果可以看出,用 0.5 级、0~10 V 的电压表测量的准确度高。

这个例子说明测量的准确度既取决于仪表的准确度,又取决于仪表的量程。被测量的值越接近满量程,测量准确度就越高。因此在测量时,除正确选择仪表的准确度等级外,还应正确选择仪表的量程,通常被测量为满量程的 2/3 以上较合适。

1.2　电流表、电压表、功率表的原理和使用

1.2.1　电流表的工作原理

电流表测量电流时应串联在电路中使用。为确保电路工作不因接入电流表而受影响,电流表的内阻必须很小。因此,如果不慎将电流表并联在电路的两端,电流表将被烧毁,在使用时必须特别小心。

测量直流电流通常采用磁电系电流表,测量交流电流常采用电磁系电流表。

磁电系测量机构用来测量电流时,因可动线圈的导线很细,电流又需经过游丝,所以允许通过的电流是很小的,通常只能用作检流计、微安表和毫安表。

如图 1.2.1 所示,为了扩大磁电系电流表测量的量程,以测量较大的电流,在可动线圈上并联电阻 R_d,使大部分电流从并联电阻 R_d 中流过,而可动线圈只流过其允许通过的电流。这个并联电阻 R_d 被称为分流电阻或分流器。

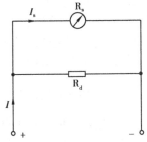

图 1.2.1　扩大磁电系电流表测量量程电路

这样,当磁电系电流表电流为 I_s 时,而分流电阻为 R_d,则实际上测量的电流大小为

$$I = \frac{R_s + R_d}{R_d} I_s \qquad (1.2.1)$$

根据式(1.2.1)可知,需要测量的电流越大,则分流电阻 R_d 必须越小。多量程的电流表的表面有几个不同量程的接头,这些接头与仪表内部相应的分流器相连,分流器由不同电阻值的电阻构成。使用时根据被测电流量的大小,选择不同的量程接头。设

$$n = \frac{I}{I_s} = \frac{R_s + R_d}{R_d} \qquad (1.2.2)$$

式(1.2.2)指出,将磁电系电流表测量机构量程扩大 n 倍时,分流电阻 R_d 应为磁电系测量电流表机构的内阻 R_s 的 $\frac{1}{n-1}$。

用电磁系仪表来测量交流电流时,根据电磁系仪表的工作原理,可以把固定线圈直接串联在被测量电路中。由于被测量电流不通过可动部分和游丝,因此可以制成直接测量大电流的电流表,而不需要采用分流器来扩大量程。电磁系仪表有时采用固定线圈分段串并联的方法来改变量程。

1.2.2　电压表的工作原理

测量直流电压通常采用磁电系电压表,测量交流电压通常采用电磁系电压表。电压表是用来测量电源、负载或某元件两端电压的,因此必须与它们并联。

磁电系测量机构的角位移与电流成正比,而测量机构的电阻一定时,角位移与其两端的电压成正比,将测量机构和被测电压并联时,就能测量其电压。但由于磁电系测量机构的内阻不大,允许通过的电流又小,因此,测量电压的范围也很小。

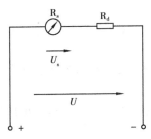

图 1.2.2　扩大磁电系电压表测量量程电路

为了测量高电压,可用一只较大的电阻与测量机构串联,如图 1.2.2 所示。其中,R_d 为分压电阻。

串联电阻以后,被测量电压 U 与测量机构本身两端电压 U_s 之比为

$$m = \frac{U}{U_s} = \frac{R_s + R_d}{R_d} \qquad (1.2.3)$$

所以

$$R_d = (m - 1) R_s \qquad (1.2.4)$$

式(1.2.3)指出,将磁电系电压表测量机构量程扩大 m 倍时,分压电阻 R_d 应为磁电系测量电压表机构的内阻 R_s 的 $(m-1)$ 倍,即需要扩大的量程越大,分压器的电阻应越高。多量程电压表的表面具有几个标有不同量程的接线端,这些接线端分别与表内相应电阻值的分压器串联。使用时根据被测量电压的大小,选择不同的量程。

电磁系仪表做成电压表时,电压表量程的扩大也同样是采用串联附加电阻的办法。

1.2.3 功率表的工作原理

功率测量与所测量电路的电流与电压有关系,因此,功率表有固定的电流线圈和可动的电压线圈,电流线圈与负载串联,电压线圈与负载并联。常采用电动式仪表作为功率的测量仪表,功率表的工作原理如图 1.2.3 所示。

1)测量直流电路的功率

功率表用于测量直流电路的功率时,负载电流 I 等于电流线圈中流过的电流 I_1,负载电压 U 正比于流过电压线圈的电流 I_2,根据 $M \propto I_1 I_2$ 可知,功率表的偏转角 α 正比于负载电压和电流的乘积,即

$$\alpha \propto UI = P \tag{1.2.5}$$

电动系仪表的偏转角 α 与被测量段的负载功率 P 成正比。

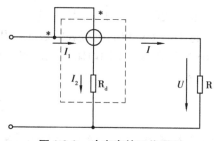

图 1.2.3 功率表的工作原理

2)测量交流电路的功率

由于电压支路中的附加电阻 R_d 比较大,在一定条件下,可动线圈的感抗相比之下可以忽略不计,可以近似地认为可动线圈的电流 $\dot{I}_2$ 与负载电压 $\dot{U}$ 同向。与直流电路相似,负载电流 $\dot{I}$ 等于电流线圈中流过的电流 $\dot{I}_1$,负载电压 $\dot{U}$ 正比于流过电压线圈的电流 $\dot{I}_2$。根据 $M \propto I_1 I_2 \cos \varphi$ 可知,在交流电路中,电动式功率表指针的偏转角 α 与所测量的电压、电流以及两者之间的相位差 φ 的余弦成正比,即

$$\alpha \propto UI \cos \varphi \tag{1.2.6}$$

由式(1.2.6)可知,所测量的交流电路的功率为所测量电路部分的有功功率。

如不慎将电动式功率表的两个线圈中任何一个反接,指针就会反转,为了保证功率表的正确连接,两个线圈的同名端"*"必须连在一起。

功率表一般是多量程的,电动式功率表的多量程通过电流和电压的多量程来实现。功率表一般具有两个电流量程,两个或 3 个电压量程。

两个电流量程通过两个电流线圈的串联和并联方式来实现,如图 1.2.4 所示,并联时通过的电流是串联时通过的电流的两倍。

电压的多量程是靠电压线圈串联不同附加电阻实现的。如图 1.2.5 所示为具有 3 个电压量程的电压线圈的接线圈。

功率表的读数根据选择的电压与电流量程来决定。普通功率表刻度的功率值为电压量程与电流量程的乘积。

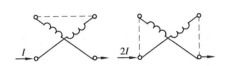

图 1.2.4　通过两个电流线圈的串并联
实现两个电流量程接线图

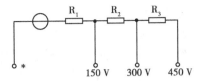

图 1.2.5　具有 3 个电压量程的
电压线圈接线图

【例】　选用电压量程为 300 V,电流量程为 1 A 的功率表来测量负载所消耗的功率。功率表满刻度为 150 格,在测量时读得功率表指针的偏转格数为 80 格,问该负载消耗的功率是多少?

【解】　在电压量程为 300 V 和电流量程为 1 A 时,功率表每一分格数所测得的功率为

$$K = \frac{300 \times 1}{150}\text{W} = 2\text{ W}$$

则负载消耗的功率为

$$P = 2 \times 80\text{ W} = 160\text{ W}$$

1.3　测量误差

在任何测量中,由于各种主观和客观因素的影响,使得测量结果不可能完全等于被测量的实际值,而只是它的近似值,因此,把测量值与被测量的实际值之差称为测量误差。

1.3.1　测量误差的分类

根据测量误差的性质和特征,测量误差可分为系统误差、偶然误差和疏忽误差。

1)系统误差

系统误差是由于仪表的不完善,使用不恰当,或测量方法采用了近似公式等原因以及外界因素(如温度、电场、磁场)所引起的误差。它遵循一定的规律变化或保持不变,按照误差产生的原因又可分为以下 3 种:

①基本误差:仪表在正常使用条件下,由于结构上和制造中的缺陷而产生的误差,它为仪表所固有。其主要原因是仪表的活动部分在轴承中产生摩擦,游丝出现永久变形,零件位置安装不正确,刻度不准确等。

②附加误差:它是由外界因素的变化而产生的,主要原因是仪表没有在正常条件下使用,例如温度和磁场的变化、放置方法不同都会引起误差。

③方法误差:测量方法不完善,使用仪表的人在读数时因个人习惯不同而造成读数不准确,间接测量时所用的近似计算公式等,都可以造成误差,所有这些都称为方法误差。

2)偶然误差

这种误差是由于某些偶然因素造成的,这些因素产生的原因或者是目前还不知道,或者还无法掌握。例如,利用同一电桥对同一电阻进行多次测量,其结果都可能不一样,有的偏大,有的偏小。看起来好像没有什么规律,但把多次测量结果综合起来看,仍是有规律的,由数学理

论可知它符合统计规律。

3)疏忽误差

疏忽误差是由于测量中的疏忽所引起的,如读数错误、记录错误、计算错误或操作方法错误等所造成的误差。测量结果一般都严重偏离被测量的实际值。

1.3.2 减小误差的方法

测量的目的就是要尽可能求出被测量的实际值,为达到此目的必须设法减小测量误差。

1)减小系统误差的方法

①对仪表进行校正,在测量中引用修正值,减小基本误差。

②按照仪表所规定的条件使用,减小附加误差。

③采用特殊的方法测量,减小方法误差。例如替代法,在保持仪表读数不变的条件下,用等值的已知量去代替被测量,这样的测量结果就和测量仪表的误差、外界条件的影响无关。具体地说,比如用电桥测量电阻,先用电桥测被测电阻,调节桥臂电阻使电桥平衡;然后以标准电阻箱代替被测电阻,调节标准电阻箱使电桥平衡。这时标准电阻箱上的读数就是被测电阻的值。当然还有其他的方法,这里就不一一介绍了。

2)减小偶然误差的方法

从统计学的规律看,把同一测量重复多次,取其平均值作为被测量的值,可减小偶然误差,测量次数越多,偶然误差越小,测量次数趋于无穷大,则偶然误差趋于零。

3)消除疏忽误差的方法

由于疏忽误差有明显的错误,因此比较容易发现,测量后要进行详细的分析,凡是测量中由于疏忽而产生误差的数据都应抛弃,因为它是不可信的。

1.3.3 测量误差的表示方法

1)绝对误差

测量值 A_X 和被测量的实际值 A_0 之间的差值称为绝对误差,用 Δ 来表示。即

$$\Delta = A_X - A_0 \tag{1.3.1}$$

在计算时,可用标准表(用来鉴定仪表的高准确度仪表)的显示值作为被测量的实际值。

【例1】 用一只标准电压表来鉴定甲乙两只电压表时,读得标准表的显示值为 50 V,甲表读数为 51 V,乙表的读数为 49.5 V,求它们的绝对误差。

【解】 由式(1.3.1)得

甲表的绝对误差

$$\Delta_甲 = A_X - A_0 = (51 - 50) V = + 1 V$$

乙表的绝对误差

$$\Delta_乙 = A_X - A_0 = (49.5 - 50) V = - 0.5 V$$

可见绝对误差有正负之分,正的表示测量值比实际值偏大,负的表示测量值比实际值偏小。另外,甲表偏离实际值较大,乙表偏离实际值较小,说明了乙表测量的值比甲表准确。所谓准确度,就是与实际值接近的程度,仪表的准确度越高,仪表的准确度越高,测量的结果越准确。

由式(1.3.1)还可以得到

$$A_O = A_X + (-\Delta) = A_X + C \tag{1.3.2}$$

式中，$C = -\Delta$，称为修正值。修正值与误差大小相等而符号相反。引进修正值后，就可以对仪表的显示值进行校正，以消除误差。

2）相对误差

在测量不同大小的被测量时，不能简单地用绝对误差来判断其准确度。例如，甲表测 100 V 电压时，绝对误差 $\Delta_甲 = +1$ V，乙表测 10 V 电压时，绝对误差 $\Delta_乙 = +0.5$ V，从绝对误差来看，甲表大于乙表。但从仪表误差对测量结果的相对影响来看，却正好相反，因为甲表的误差只占被测量的 1%，而乙表的误差却占被测量的 5%，即乙表误差对测量结果的相对影响更大。因此，在工程上通常采用相对误差来衡量测量结果的准确性。相对误差就是绝对误差与被测量的实际值之比，通常用百分数来表示，即

$$r = \frac{\Delta}{A_O}100\% \tag{1.3.3}$$

【例2】　已知甲表测 100 V 电压时，其绝对误差为 $\Delta_甲 = \pm 2$ V，乙表测 20 V 电压时，其绝对误差为 $\Delta_乙 = -1$ V，试求它们的相对误差。

【解】　甲表的相对误差

$$r_甲 = \frac{\Delta_甲}{A_{O甲}} \times 100\% = \frac{\pm 2}{100} \times 100\% = \pm 2\%$$

乙表的相对误差

$$r_乙 = \frac{\Delta_乙}{A_{O乙}} \times 100\% = \frac{-1}{20} \times 100\% = -5\%$$

可以看出，甲表的准确度高于乙表的准确度。

1.4　测量中有效数字的处理

在测量和数字计算中，该用几位数字来代表测量或计算结果很重要，它涉及有效数字和计算规则的问题。

1.4.1　有效数字的概念

在测量中，必须正确地读取数据，除末位数字为可疑欠准确外，其余各位数字都是准确可靠的。末位数字是估计出来的，指针指在两条刻度线之间，因此是不准确的。例如，用一块 50 V 的电压表(每小格为 1 V)测量电压时，指针在 34 V 和 35 V 之间，可读数据为 34.4 V，其中，数字"34"是准确可靠的，称为可靠数字，而最后一位"4"是估计出来不可靠数字，称为欠准数字，两者结合起来称为有效数字。对于"34.4"这个数字，有效数字是三位。

对可疑数字的解释，目前有两种，在无特殊规定的情况下，允许被测量的实际值在可疑数字位置上有 ± 0.5 或 ± 1 个单位的变动。34.4 V 所代表的电压，可以认为它的实际值为 34.35 ~ 34.45 V，也可以认为实际值为 34.3 ~ 34.5 V。

有效数字位数越多,测量准确度越高。如果条件允许的话,能够读成"34.40",就不应记为"34.4",否则降低了测量准确度;反过来,如果只读作"34.4",就不应记为"34.40",后者从表面上看提高了测量准确度,但实际上小数点后面第二位是不准确的,因为第一位就是估计出来的可疑数字,第二位就没有意义了,在读取和处理数据时,有效数字的位数要合理选择,使所取的有效数字的位数与实际测量的准确度一致。

1.4.2 有效数字的正确表示法

①记录测量数值时,只允许保留一位可疑数字。

②数字"0"在数中可能是有效数字,也可能不是有效数字。例如,0.042 5 kV,前面的两个"0"不是有效数字,它的有效数字是三位。0.042 5 kV 可以写成 42.5 V,它的有效数字仍然是三位,可见前面的两个"0"仅与所用的单位有关。又如 30.0 V,有效数字是三位,后面的两个"0"都是有效数字。必须注意末位的"0"不能随意增减,它是由测量设备的准确度来决定的。

③大数值与小数值要用幂的乘积形式来表示。例如,测得某电阻的阻值是 15 000 Ω,有效数字为三位,则应记为 $1.50\times10^{4}\Omega$ 或 $150\times10^{2}\Omega$,不能记为 15 000 Ω。

④在计算中,常数(如 π,e 等)及乘子($\sqrt{2}$,$\frac{1}{2}$ 等)的有效数字的位数没有限制,需要几位就取几位。

1.4.3 有效数字的修约规则

当有效数字位数确定后,多余的位数应一律舍去,其规则如下:

①被舍去的第一位数大于5,则舍5进1。例如,把 0.16 修约到小数点后一位数,结果为 0.2。

②被舍去的第一位数小于5,则只舍不进,即末位数不变。例如,把 0.13 修约成小数点后一位数,结果为 0.1。

③被舍的第一位数等于5,而5之后的数不全为0,则舍5进1,即末位数加1。例如,把 0.450 1 修约成小数点后一位数,结果为 0.5。

④被舍的第一位数等于5,而5之后的数全为0,视前面的数字而定,5 前面为偶数,则只舍不进,5 前面为奇数,则舍5进1,即末位数加1。例如,把 0.250 和 0.350 修约到小数点后一位数,结果为 0.2 和 0.4。

1.4.4 有效数字的运算规则

处理数据时,常常需要运算一些准确度不相等的数值,按照一定的规则计算,既可以提高计算速度,也不因数字过少而影响计算结果的准确度,常用规则如下:

1)加法运算

参加运算的各数所保留的小数点后的位数,一般应与各数中小数点后位数最少的相同。例如,13.6,0.056 和 1.666 相加,小数点后最少位数的是一位(13.6),因此应将其余两个数修约到小数点后一位数,然后相加,即

$$13.6 + 0.1 + 1.7 = 15.4$$

为了减少计算误差,也可在修约时多保留一位小数,即

$$13.6 + 0.06 + 1.67 = 15.33$$

2）减法运算

参加运算的数据,数值相差较大时,运算规则与加法运算相同,如果两数相差很小,运算后将失去若干位有效数字,致使测量结果误差很大,这是要避免的。解决的办法是尽量采用其他的测量方法。

3）乘除运算

乘除运算时,各因子及计算结果所保留的位数以数字位数最少的项为准,不考虑小数点的位置。例如,0.12,1.057 和 23.41 相乘,有效数字最少的是二位(0.12),则

$$0.12 \times 1.1 \times 23 = 3.036$$

其结果为 3.0。

同样,为了减少计算误差,也可多保留一位有效数字,即

$$0.12 \times 1.06 \times 23.4 = 2.976\ 48$$

其结果应为 3.0。

4）乘方及开方运算

运算结果比原数多保留一位有效数字。例如

$$(25.6)^2 = 655.4$$

$$\sqrt{4.8} = 2.19$$

5）对数运算

取对数前后的有效数字位数相等。例如

$$\ln 106 = 4.66$$

$$\lg 7.564 = 0.878\ 8$$

第**2**章
电子测试基础知识

2.1 常用电子元件基础知识

2.1.1 电阻

电阻器的种类很多,从构成材料来分,有碳质电阻器、碳膜电阻器、金属膜电阻器和线绕电阻器等多种。从结构形式来分,有固定电阻器、可变电阻器和电位器 3 种。其中固定电阻器用途最广泛。

电阻的单位:电阻最基本的单位为欧姆(Ω),常用的电阻单位为千欧($k\Omega$)、兆欧($M\Omega$)。

电阻单位的换算:$1\ M\Omega = 1\ 000\ k\Omega = 10^6\Omega$,$1\ \Omega = 10^{-3}k\Omega = 10^{-6}M\Omega$。

电阻的作用:电阻在电路中通常起分压限流的作用,对信号来说,交流与直流信号都可以通过电阻。

电阻的参数识别:电阻的阻值和误差一般都标注在电阻体上,标注方法有 3 种,即直标法、文字符号法和色环标注法。色环标注法使用最多,如图 2.1.1 所示。电阻的色标位置和倍率关系见表 2.1.1。

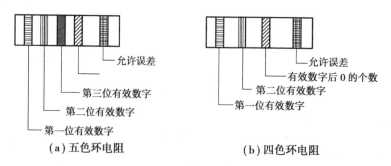

(a)五色环电阻   (b)四色环电阻

图 2.1.1 色环电阻

表 2.1.1　电阻的色标位置和倍率关系表

颜　色	有效数字	倍　率	允许偏差/%
棕色	1	10^1	±1
红色	2	10^2	±2
橙色	3	10^3	—
黄色	4	10^4	—
绿色	5	10^5	±0.5
蓝色	6	10^6	±0.2
紫色	7	10^7	±0.1
灰色	8	10^8	—
白色	9	10^9	+5 至 −20
黑色	0	10^0	—
金色	—	10^{-1}	±5
银色	—	10^{-2}	±10
无色	—	—	±20

2.1.2　电容

　　常用电容器有固定电容器、可变电容器及微调电容器 3 种。固定电容器用途广泛,注意有极性电容器的正负极在电路中不能接错。电容在电路中一般用"C"加数字表示。电容是由两片金属膜紧靠、中间用绝缘材料隔开而组成的元件。电容的特性主要是隔直流、通交流。电容容量的大小表示能储存电能的大小。电容对交流信号的阻碍作用称为容抗,它与交流信号的频率和电容量有关。容抗 $X_C = 1/2\pi fC$(f 表示交流信号的频率,C 表示电容容量)

　　电容的基本单位为法(F),其他单位还有:毫法(mF)、微法(μF)、纳法(nF)、皮法(pF)。其中:$1\ F = 10^3\ mF = 10^6\ \mu F = 10^9\ nF = 10^{12}\ pF$。

　　电容器的标注方法与电阻的标注方法基本相同,分直标法、数码表示法和色码法 3 种。

　　如图 2.1.2 所示为直标法标注的电容。注意有些电容用字母表示小数点,如 R56 μF 表示 0.56 μF,1P2 表示 1.2 pF,1 m5 表示 1 500 μF。

图 2.1.2　直标法标注的电容

如图 2.1.3 所示为数码表示法标注的电容:一般用三位数字表示容量大小,前两位表示有效数字,第三位数字是倍率。数码表示的电容量单位默认为 pF。如图 2.1.3(a)、(b)、(c)所示,103 表示 $10×10^3pF = 10\,000\,pF$,224 K 表示 $22×10^4pF = 0.22\,\mu F$,152 M 表示 $15×10^2pF = 1\,500\,pF$(有一种特例,第三位用 9 表示,即表示此电容的容量有效数字应乘上 10^{-1}。如图 2.1.3(d)所示中 229 表示 $22×10^{-1}\,pF = 2.2\,pF$)。

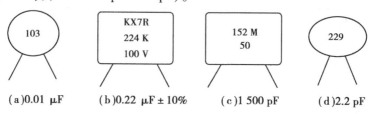

图 2.1.3　数码表示法标注的电容

电容量的色码表示法:顺引线方向,第一、二色码表示电容量值的有效数字,黑、棕、红、橙、黄、绿、蓝、紫、灰、白分别代表 0~9 十个数字。第三色环码表示后面零的个数。色码表示的电容量单位也是 pF。如图 2.1.4(a)所示表示 $47×10^3\,pF = 0.047\,\mu F$;如图 2.1.4(b)所示表示 $15×10^4\,pF = 0.15\,\mu F$;如图 2.1.4(c)所示表示 $22×10^3\,pF = 0.022\,\mu F$。

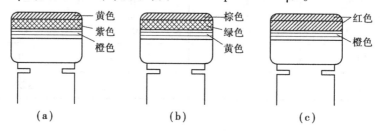

图 2.1.4　色码表示法标注的电容

电容量的误差表示方法如下:

(1)直接表示法

例如,$(10±0.5)pF$,误差就是 $±0.5\,pF$。如图 2.1.2 所示电容器上 0.56 右边的"5"表示误差为 $±5\%$。

(2)字母码表示

字母码表示见表 2.1.2。

表 2.1.2　字母码表示

符　号	F	G	J	K	L	M
允许误差/%	±1	±2	±5	±10	±15	±20

例如,如图 2.1.3 所示电容中 224 K 表示 $0.22\,\mu F±10\%$,152 M 表示 $1\,500\,pF±20\%$,104 表示容量为 $0.01\,\mu F±5\%$。

在实际维修中,电容器的故障主要表现为:

①引脚腐蚀致断的开路故障。

②脱焊和虚焊的开路故障。

③漏液后造成容量小或开路故障。

④漏电、严重漏电和击穿故障。

2.1.3　二极管

二极管的主要特性是单向导电性,即在正向电压的作用下,导通电阻很小,而在反向电压作用下导通电阻极大或无穷大。正因为二极管具有上述特性,无绳电话机中常将其应用在整流、隔离、稳压、极性保护、编码控制、调频调制和静噪等电路中。

识别方法:二极管的识别很简单,小功率二极管的 N 极(负极),在二极管外表大多采用一种色圈标出来,有些二极管也用二极管专用符号来表示 P 极(正极)或 N 极(负极),也有采用符号标志为"P""N"来确定二极管极性的。发光二极管的正负极可从引脚长短来识别,长脚为正,短脚为负。

测试注意事项:用数字式万用表测二极管时,红表笔接二极管的正极,黑表笔接二极管的负极,此时测得值是二极管的正向导通压降,这与指针式万用表测试时的判断方法不一样。

2.1.4　稳压二极管

稳压二极管的特点就是反向击穿后,其两端的电压基本保持不变。这样,当把稳压二极管接入电路以后,若由于电源电压发生波动,或其他原因造成电路中各点电压变动时,负载两端的电压将基本保持不变。

2.1.5　电感

电感线圈是将绝缘的导线在绝缘的骨架上绕一定的圈数加磁环(路)等制成。当直流等通过线圈时,直流电阻就是导线本身的电阻,压降很小;当交流信号通过线圈时,线圈两端将会产生自感电动势,自感电动势的方向与外加电压的方向相反,阻碍交流的通过,因此,电感的特性是通直流、阻交流,频率越高,线圈阻抗越大。电感在电路中可与电容等组成振荡电路。

电感一般有直标法和色标法,色标法与电阻类似。如棕、黑、金等,金表示 1 μH(误差5%)的电感。

电感的基本单位为亨(H),换算单位有:$1\ H = 10^3 mH = 10^6 \mu H$。

2.1.6　晶体管

晶体管(又称为三极管)是内部含有两个 PN 结,并且具有电流放大功能的特殊器件。它分 NPN 型和 PNP 型两种,这两种类型的晶体管从工作特性上可互相弥补,所谓 OTL 电路中的对管就是由 PNP 型和 NPN 型配对使用。晶体管主要在放大电路中起放大作用。

2.1.7　场效应晶体管放大器

场效应晶体管(简称场效应管)具有高输入阻抗和低噪声等优点,被广泛应用于各种电子设备中。使用场效应管作整个电子设备的输入级,可以获得一般晶体管很难达到的性能。

场效应管分成结型和绝缘栅型两大类,属于电压控制型半导体器件。

场效应管与晶体管的比较如下:

①场效应管是电压控制元件,而晶体管是电流控制元件。在只允许从信号源取较少电流

的情况下,应选用场效应管;在信号电压较低,允许从信号源取较多电流的条件下,应选用晶体管。

②场效应管利用多数载流子导电,被称为单极型器件;而晶体管是既利用多数载流子导电,又利用少数载流子导电,被称为双极型器件。

③有些场效应管的源极和漏极可以互换使用,栅压也可正可负,灵活性比晶体管好。

④场效应管能在电流很小和电压很低的条件下工作,而且它的制造工艺可以很方便地把很多场效应管集成在一块硅片上,因此,在大规模集成电路中场效应管得到了广泛应用。

2.1.8　集成块(IC)

集成块也称为集成电路(IC,Integrated Circuit),是指将很多微电子器件集成在芯片上的一种高级微电子器件。通常使用硅为基础材料,在上面通过扩散或渗透技术形成 N 型和 P 型半导体及 PN 结。

集成电路是半导体集成电路,即以半导体材料为基片,将至少有一个是有源元件的两个以上元件和部分或者全部互连线路集成在基片之中或基片之上,以执行某种电子功能的中间产品或者最终产品。

集成块的代号是 U 或 IC。

数字集成电路器件有多种封装形式,实验中多用双列直插式。从正面看,器件一端有一个半圆缺口,这是正方向的标志。IC 芯片的引脚序号是以半圆缺口为参考点定位的,缺口左下边的第一个引脚编号为 1,引脚编号按逆时针方向增加。

DIP 封装的器件有两列引脚,两列引脚之间的距离能够作微小改变,但引脚间距不能改变。将器件插入实验平台上的插座(面包板)或从其上拔出时要小心,不要将器件引脚弄弯或折断。

74 系列器件一般左下角的最后一个引脚是 GND,右上角的第一个引脚是 V_{CC}。

因此,使用集成电路器件时要先看清楚它的引脚分配图,找对电源和地的引脚,避免因接线错误造成器件损坏。

2.1.9　LED 七段数码管

LED 七段数码管是由 7 个发光二极管构成七段字形,它是将电信号转换为光信号的固体显示器件,通常由磷砷化镓(GaAsP)半导体材料制成,故又称为 GaAsP 七段数码管,其最大工作电流为 10 mA 或 15 mA,分共阴和共阳两种类型。常用共阴型号有 BS201,BS202,BS207,LCS011-11 等,共阳型号有 BS204,BS206,LA5011-11 等。它被广泛应用于数字仪器仪表、数控装置、计算机的数显器件中。

1)LED 七段数码管的主要特点

①能在低电压、小电流条件下驱动发光,能与 CMOS,ITL 电路兼容。

②发光响应时间极短(<0.1 μs),高频特性好,单色性好,亮度高。

③体积小,质量轻,抗冲击性能好。

④寿命长,使用寿命在 10 万 h 以上,甚至可达 100 万 h,成本低。

2)LED 七段数码管的判别方法

(1)共阳、共阴及好坏判别

先确定显示器的两个公共端,两者是相通的。这两端可能是两个地端(共阴极),也可能

是两个 V_{CC} 端(共阳极),然后用万用表参照普通二极管正、负极类似的判断方法,即可确定出是共阳还是共阴,好坏也随之确定。

(2)字段引脚判别

将共阴显示器接地端接电源 V_{CC} 的负极,V_{CC} 正极通过 400 Ω 左右的电阻接七段引脚之一,则根据发光情况可以判别出 a,b,c,d,e,f,g 七段。对于共阳显示器,先将它的 V_{CC} 端接电源的正极,再将几百欧姆电阻一端接地,另一端分别接显示器各字段引脚,则七段之一分别发光,从而进行判断。

3)使用注意事项

①对于型号不明、无管脚排列图的 LED 数码管,用数字万用表的二极管挡可完成下述测试工作:a.判定数码管的结构形式(共阴或共阳);b.识别管脚;c.检查全亮笔段。预先假定某个电极为公共极,根据笔段发光或不发光加以验证。当笔段电极接反或公共极判断错误时,该笔段就不能发光。

②LED 七段数码管每笔画 LED 工作电流 I_{LED} 为 5~10 mA,若电流过大会损坏数码管,因此必须加限流电阻,限流电阻阻值可按下式计算

$$R = \frac{U_0 - U_{LED}}{I_{LED}} \qquad (2.1.1)$$

式中,U_0 为加在 LED 两端电压;U_{LED} 为 LED 数码管每笔画压降(约 2 V)。

③检查时若发光暗淡,说明器件已老化,发光效率太低。如果显示的笔段残缺不全,说明数码管已局部损坏。

2.2　常用电子仪器

电路电子实验中常用的电子仪器有万用表、直流稳压电源、信号发生器、示波器、交流毫伏表等。在实验中正确选用和使用各种仪器是保证实验顺利进行并获得准确结果的必要条件。

2.2.1　万用表

万用表分为指针式万用表和数字式万用表两种。数字式万用表具有测量精确、取值方便、功能齐全等优点。普通数字万用表一般具有电阻测量、通断声响检测、二极管正向导通电压测量、交直流电压及电流测量、三极管放大倍数及性能测量等。有些数字万用表则增加了电容容量测量、频率测量、温度测量、数据记忆及语音报数等功能,给实际测量工作带来很大的方便。其使用方法和注意事项如下:

1)使用方法

①使用前,应认真阅读有关的使用说明书,熟悉电源开关、量程开关、插孔、特殊插口的作用。

②将电源开关置于 ON 位置。

③交直流电压的测量:根据需要将量程开关拨至 DCV(直流)或 ACV(交流)的合适量程,红表笔插入 V/Ω 孔,黑表笔插入 COM 孔,将表笔与被测线路并联,读数即显示。

④交直流电流的测量:将量程开关拨至 DCA(直流)或 ACA(交流)的合适量程,红表笔插

入 mA 孔(<200 mA 时)或 10 A 孔(≥200 mA 时),黑表笔插入 COM 孔,将万用表串联在被测电路中即可。测量直流量时,数字万用表能自动显示极性。

⑤电阻的测量:将量程开关拨至 Ω 的合适量程,红表笔插入 V/Ω 孔,黑表笔插入 COM 孔。如果被测电阻值超出所选择量程的最大值,万用表将显示"1",这时应选择更高的量程。测量电阻时,红表笔为正极,黑表笔为负极,这与指针式万用表正好相反。因此,测量晶体管、电解电容器等有极性的元器件时,必须注意表笔的极性。

2)使用注意事项

①如果无法预先估计被测电压或电流的大小,则应先拨至最高量程挡测量一次,再视情况逐渐把量程减小到合适位置。测量完毕,应将量程开关拨到最高电压挡,并关闭电源。

②满量程时,仪表仅在最高位显示数字"1",其他位均消失,这时应选择更高的量程。

③测量电压时,应将数字万用表与被测电路并联。测电流时应与被测电路串联,测直流量时不必考虑正、负极性。

④当误用交流电压挡测量直流电压,或者误用直流电压挡测量交流电压时,显示屏将显示"000",或低位上的数字出现跳动。

⑤禁止在测量高电压(220 V 以上)或大电流(0.5 A 以上)时换量程,防止产生电弧,烧毁开关触点。

⑥测量电阻时,禁止带电测量。

⑦使用完毕,将测量选择置于交流 750 V 或者直流 1 000 V 处,这样在下次测量时无论误测什么参数,都不会引起数字万用表损坏。

⑧当显示电池符号时,表示电池电压低于工作电压,应及时更换电池。

2.2.2　直流稳压电源

直流稳压电源是将交流电变成输出功率符合要求的稳定直流电的设备。各种电子电路常需要直流电源供电,因此直流稳压电源是电子电路中不可缺少的。

HY1711-3S 直流稳压稳流电源具有体积小、质量轻、效率高、可串联或并联使用、跟踪使用、不怕短路、电压电流连续可调、可靠性高、稳定性好、纹波小等优点,其外形美观,工艺先进。

HY1711-3S 具有双路独立可调电压输出,并且两路可调电源既可以独立使用,也可以进行串联、并联使用。在串联或并联使用时,只需对主路电源的输出进行调节,从路电源的输出就会跟踪主路电源。

HY1711-3S 主要技术指标:

输入电压:220 V AC±10%或 380 V AC±10%

输出电压:0~30 V/50 V/110 V/150 V…
　　　　　200 V/300 V/1 000 V

输出功率:30 W~200 kW

源效应:CV:≤1×10⁻⁴+0.5 mV
　　　　CC:≤1×10⁻²+3 mA

负载效应:CV:≤1×10⁻⁴+1 mV
　　　　　CC:≤1×10⁻²+5 mA

周期与随机偏移:CV:≤0.5 mV
　　　　　　　　CC:≤10 mA

2.2.3 信号发生器

信号发生器是提供正弦波、方波、锯齿波、脉冲波、噪声波、任意波等的仪器,在使用时,它的输出端不允许短路。实验时一般用来给实验电路提供输入信号。

下面介绍 DG1022 双通道函数/任意波形发生器。

1)概述

DG1022 双通道函数/任意波形发生器使用数字合成(DDS)技术,可生成稳定且低失真的正弦信号,它能提供 5 MHz、具有快速上升沿和下降沿的方波。另外,具有高精度、宽频带的频率测量功能。

2)前面板总览

前面板总览如图 2.2.1 所示。

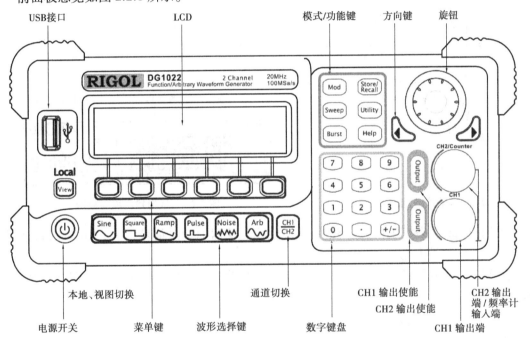

图 2.2.1 DG1022 双通道函数/任意波形发生器

3)波形设置

如图 2.2.2 所示,在操作面板左侧下方有一系列带有波形显示的按键,它们分别是:正弦波、方波、锯齿波、脉冲波、噪声波、任意波,还有两个常用按键:通道选择和视图切换键。

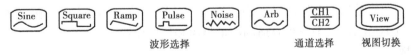

图 2.2.2 按键选择

使用 Sine 按键,波形图标变为正弦信号,并在状态区左侧出现"Sine"字样。DG1022 可输出频率从 1 μHz 到 20 MHz 的正弦波形。通过设置频率/周期、幅值/高电平、偏移/低电平、相位,可以得到不同参数值的正弦波。

如图 2.2.3 所示正弦波使用系统默认参数：频率为 1 kHz，幅值为 5.0 V_{PP}，偏移量为 0 V_{DC}，初始相位为 0°。

图 2.2.3　正弦波常规显示界面

使用 Square 按键，波形图标变为方波信号，并在状态区左侧出现"Square"字样。DG1022 可输出频率从 1 μHz 到 5 MHz 并具有可调占空比的方波。通过设置频率/周期、幅值/高电平、偏移/低电平、占空比、相位，可以得到不同参数值的方波。

4)输出设置

如图 2.2.4 所示，在前面板右侧有两个按键，用于通道输出、频率计输入。通道输出控制显示如图 2.2.5 所示。

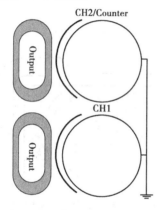

图 2.2.4　通道输出、频率计输入

图 2.2.5　通道输出控制显示

使用 Output 按键，启用或禁用前面板的输出连接器的输出信号。按下 Output 键，通道显示"ON"，且键灯被点亮。

在频率计模式下，CH2 对应的 Output 连接器作为频率计的信号输出端。CH2 自动关闭，禁用输出。

2.2.4　双踪示波器

示波器是一种用途非常广泛的电子图示测量仪器，它可以将电信号的变化作为一个时间函数显示出来，主要用来观察各种周期性信号的波形，并定量测量信号的幅度、频率(周期)、相位等参数。下面以 DS1000 为例介绍。

1)概述

DS1000 为双通道加一个外部触发输入通道的数字示波器，前面板清晰直观，方便操作。可直接使用 AUTO 键，将立即获得合适的波形显示和挡位设置。

2)前面板

DS1000 数字示波器面板包括旋钮和功能按键。旋钮按键的功能与其他示波器类似。显示屏右侧列的 5 个灰色按键为菜单操作键，通过它们，可以设置当前菜单的不同选项，其他按键为功能键，通过它们，可以进入不同的功能菜单或直接获得特定的功能应用。前面板图如图 2.2.6 所示。

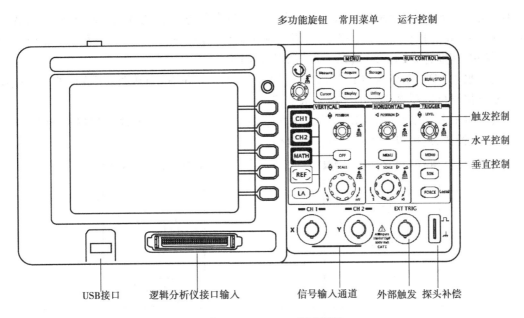

多功能旋钮　常用菜单　运行控制

触发控制

水平控制

垂直控制

USB接口　　逻辑分析仪接口输入　　　信号输入通道　外部触发　探头补偿

图 2.2.6　DS1000 前面板图

3）波形显示的自动设置

DS1000 数字示波器具有自动设置的功能。根据输入信号,可自动调整电压倍率、时基以及触发方式,使波形显示达到最佳状态。应用自动设置要求被测信号的频率大于或等于50 Hz,占空比大于 1%。具体步骤如下:

①将被测信号连接至信号输入通道。

②按下 AUTO 按键。示波器将自动设置垂直、水平和触发控制。如需要,可手动调整这些控制使波形显示达到最佳。

4）垂直系统

如图 2.2.7 所示,在垂直控制区(VERTICAL)有一系列的按键、旋钮。

①使用垂直 POSITION 旋钮控制信号的垂直显示位置。当转动垂直 POSITION 旋钮,指示通道地(GROUND)的标志跟随波形上下移动。

②改变垂直设置,并观察状态信息的变化。通过波形窗口下方的状态栏显示的信息,确定垂直挡位的变化。转动垂直 SCALE 旋钮改变"Volt/div(伏/格)"垂直挡位,可以发现状态栏对应通道的挡位显示发生了相应的变化。按 CH1,CH2,MATH,REF,LA,屏幕显示对应通道的操作菜单、标志、波形和挡位状态信息。按 OFF 键关闭当前选择的通道。

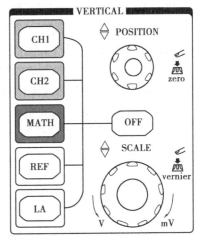

图 2.2.7　垂直控制系统

5）水平系统

如图 2.2.8 所示,在水平控制区(HORIZONTAL)有 1 个按键和两个旋钮。

①使用水平 SCALE 旋钮改变水平挡位设置,并观察状态信息的变化。转动水平 SCALE 旋钮改变"(s/div)(秒/格)"水平挡位,可以发现状态栏对应通道的挡位显示发生了相应的变化。水平扫描速度为 2 ns~ 50 s,以 1-2-5 的形式步进。

②使用水平 POSITION 旋钮调整信号在波形窗口的水平位置,当转动水平 POSITION 旋钮调节触发位移时可以观察到波形随旋钮水平移动。

③按 MENU 按键,显示 TIME 菜单。在此菜单下,可以开启/关闭延迟扫描或切换 Y-T,X-Y 和 ROLL 模式,还可以将水平触发位置复位。

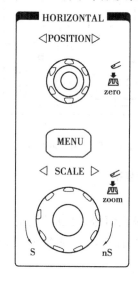

图 2.2.8　水平控制区

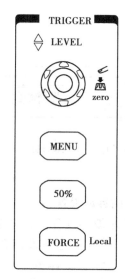

图 2.2.9　触发控制区

6)初步了解触发系统

如图 2.2.9 所示,在触发控制区(TRIGGER)有 1 个旋钮和 3 个按键。

①使用 LEVEL 旋钮改变触发电平设置。转动 LEVEL 旋钮,可以发现屏幕上出现一条橘红色的触发线以及触发标志,随旋钮转动而上下移动。停止转动旋钮,此触发线和触发标志会在约 5 s 后消失。在移动触发线的同时,可以观察到在屏幕上触发电平的数值随之发生了变化。

②使用 MENU 调出触发操作菜单改变触发的设置,观察状态变化。

③按 50%按键,设定触发电平为触发信号幅值的垂直中点。

④按 FORCE 按键,强制产生一个触发信号,主要用于触发方式中的"普通"和"单次"模式。

2.3　电路电子参数测量基础

2.3.1　模拟电路测量基础

测量模拟电路参数是电子技术实验的主要内容,学习和掌握电子参数的测量方法是本门课程的主要任务。

电子电路参数很多,不同功能的电路具有不同的特性参数,其中有些参数是许多电路共有或是基本的参数,如电路的放大倍数、输入阻抗、输出阻抗、幅频特性、功率、效率等。

1)放大倍数的测量

放大倍数是模拟电路最基本的参数之一,它是电路输出量与输入量之比。

$$A_u = \frac{u_o}{u_i} \tag{2.3.1}$$

电路特性参数测量常用正弦信号,信号频率应选择在被测电路的通频带中,在输出信号波形不失真的条件下信号的幅度尽量选择大一些,以减小干扰信号的影响。在实验时,可以比较灵活地选择测试信号,而不必照搬指导书中的数据。

2)幅度-频率特性测量

电路的幅度-频率特性和通频带是电路的重要参数,它反映电路对不同频率的响应特性。测量电路幅度-频率特性有点测法和扫频法两种。这里主要介绍点测法。

测量时,保持输入信号幅度不变,首先选择一个中间频率f_o,测量电路的输出信号幅度u_o,然后改变信号的频率,测出每一频率对应的输出信号幅度,这样一点一点测下去,直到输出信号幅度下降较明显,在f_o的上下两个方向都测量完毕,最后在坐标纸上将这些测试点用曲线连接起来,就可以描绘出电路的幅度-频率特性曲线,如图2.3.1所示。这种方法能比较真实地描绘出电路的幅度-频率特性曲线,但很麻烦。如果电路的特性较好,幅度-频率特性曲线比较简单,只需找出其中的3个特殊点,就可以描绘出整个幅度-频率特性曲线了,这就是所谓的"三点法"。

如图2.3.1所示的A点为中间频率的一个点,以此为基础,连续调节信号源输出信号频率,观察电路输出信号幅度的变化,在低频和高频输出幅度都会下降,当输出信号幅度随频率变化而下降到$0.707u_o$时,这个频率称为电路的截止频率,比f_o低的称为低频截止频率,比f_o高的称为高频截止频率,分别用f_L和f_H表示,即图2.3.1中B点和C点所对应的频率。最后用圆滑曲线将这3点连接起来就完成了。这是一种常用的方法。

3)输入电阻的测量

电路的输入电阻和输出电阻是两个重要参数,它们直接关系到信号与电路、电路与电路以及电路与负载之间的匹配问题。输入电阻的定义为:输入信号的电压与电流之比。即

$$R_i = \frac{U_i}{I_i} \tag{2.3.2}$$

为了测量放大器的输入电阻,如图2.3.2所示电路,在被测放大器的输入端与信号源之间串入一已知电阻R,在放大器正常工作的情况下,用示波器(或交流毫伏表)测出U_S和U_i,则

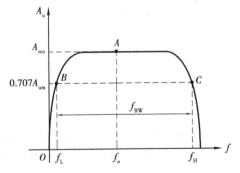

图2.3.1　幅度-频率特性曲线

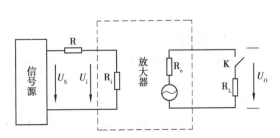

图2.3.2　输入、输出电阻测量示意图

根据输入电阻的定义可得

$$R_i = \frac{U_i}{I_i} = \frac{U_i}{\dfrac{U_R}{R}} = \frac{U_i}{U_S - U_i}R \tag{2.3.3}$$

测量时应注意以下几点：

①由于电阻 R 两端没有电路公共接地点，因此测量 R 两端电压 U_R 时必须分别测出 U_S 和 U_i，然后按 $U_R = U_S - U_i$ 求出 U_R 值。

②电阻 R 的取值不宜过大或过小，以免产生较大的测量误差，可以证明，只有在 $U_S - U_i = \dfrac{1}{2}U_S$ 时误差最小，因此，要求选择 $R \approx R_i$。

4）输出阻抗的测量

电路输出阻抗的测量原理如图 2.3.2 所示，在不接负载时测量输出电压为 U_S，然后接上负载 R_L，再测量输出电压为 U_L，则 $R_o = \dfrac{U_S - U_L}{U_L}R_L$。

同理可以证明，选择 $R_L \approx R_o$ 可以减小测量误差。在实际中，用可变电阻来作 R_L，调整 R_L 的值，测量前后两次 U_S 的值，使 $U_{02} = \dfrac{1}{2}U_{01}$，这时 $R_o = R_L$，这又被称为半电压法。

5）输出功率的测量

输出功率的定义为

$$P_o = U_0 I_o \tag{2.3.4}$$

在负载电阻已知的情况下，$I_o = \dfrac{U_0}{R_L}$。故 $P_o = U_0 I_o = \dfrac{U_0^2}{R_L}$，只要测量已知负载上的输出电压为 U_0，即可计算出输出功率。

2.3.2　数字电路测量基础

1）数字电路逻辑状态规定

数字电路是一种开关电路，开关的两种状态"开通"与"关断"，常用二元常量 0 和 1 来表示。

在数字逻辑电路中，区分逻辑电路状态 1 和 0 信号的电平一般有两种规定，即正逻辑和负逻辑。正逻辑规定，高电平表示逻辑 1，低电平则表示逻辑 0。负逻辑规定，低电平表示逻辑 1，高电平则表示逻辑 0。工程中多数采用正逻辑描述。对于 TTL 电路，正逻辑 1 电平为 2.4～3.6 V，逻辑 0 电平为 0.2～0.4 V。

2）数字电路测量

数字电路静态测量是检查设计与接线是否正确的重要一步。

静态测量是指给定数字电路若干组静态输入值，测量数字电路的输出值是否正确。数字电路状态测量的过程是在数字电路设计好后，将其安装连接成完整的线路，把线路的输入连接到电平开关上，线路的输出连接到电平指示灯（LED），按功能表或状态表的要求，改变输入状态，观察输入和输出之间的关系是否符合设计要求。

动态测量是指在静态测量的基础上,按设计要求在输入端加动态脉冲信号,观察输出端波形是否符合设计要求。

数字电路电平测量是测量数字电路输入与输出逻辑电平(电压)值是否正确的一种方法。数字逻辑电路中,对于 74 系列 TTL 集成电路,要求输入低电平≤0.8 V,输入高电平≥2 V。74 系列 TTL 集成电路数出低电平≤0.2 V,输出高电平≥3.5 V。

2.4　电子电路调试与故障检测

电子电路使用的元器件很多,它们的特性参数分散性较大,其中有源器件(如晶体管、集成电路等)通常工作在近似的线性区域,如果工作点发生变化,将影响整个电路的工作状态。在设计电路时,不可能十分准确地估计元器件的参数和各种客观因素,因此,设计计算过程都在许多假设条件下进行。在装配制造过程中存在许多不确定的因素,这就使制作出来的电路装置很难达到预期的效果。因此,电子电路的调整测试就成了一项必不可少而且十分重要的工序,这也是电子技术人员最基本的技能。

电子电路调试是指将装配好的电路装置,经过调整测试过程,使其性能达到设计指标的要求。这个调整测试过程一般包括:检查电路及元器件、调整测试静态工作点、测试动态性能及技术指标。在这个过程中的一个重要环节是查找故障及调整工作状态,使其达到预定的技术指标。

电子电路的调试程序大致是:检查电路及元器件、调整静态工作点、动态调整测试。

2.4.1　检查电路及元器件

对一个安装完毕的电路装置,在通电之前应该作一次仔细的检查,以便及早发现错误,避免元器件的损坏。检查内容如下:

1)电路检查

电路检查是按照设计图纸仔细检查安装接线过程中是否有错接、漏接或重接现象,如果是印制板,要注意检查短路和断路现象,尤其是集成电路引脚之间,由于距离较近,更容易短路,这很可能造成器件的损坏。

2)元器件检查

电子电路用的元器件很多,规格复杂,检查时应按设计要求,仔细对照其型号、参数,如电阻器的阻值、功率、精度等级;电容器的容量、耐压和极性接法;晶体管的型号、管脚接法等。如果是发热器件,要检查散热措施及安装方法。对有屏蔽的器件,要检查屏蔽接地是否良好。

2.4.2　电子电路的调整测试

电子电路的调整和测试是使电路达到设计要求的完整的技术处理过程,它通过调整测试使电路的静态工作点和各项动态技术指标达到设计要求。

1)静态工作点调试

静态工作点的调试就是调整电路的最大不失真输出,得到最大动态范围。为此,在放大器正常工作情况下,逐渐增大输入信号的幅度,同时改变静态工作点,使用示波器观察输出信号,

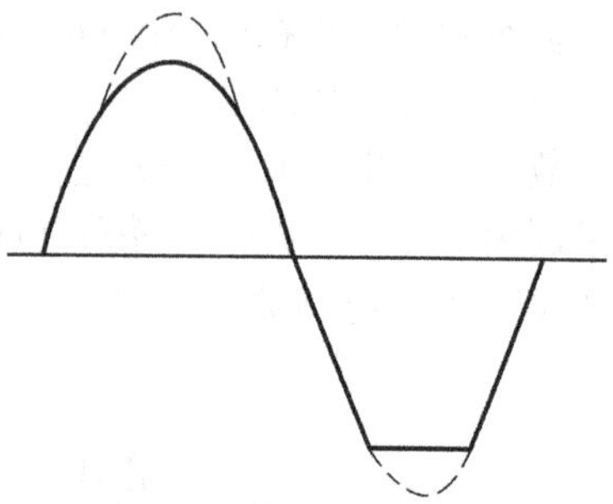

当输出波形同时出现削底和缩顶现象时(见图 2.4.1),说明静态工作点已经调到交流负载线的中间。

晶体管的静态工作点通常是由晶体管的集电极电流 I_{CQ} 和集电极与发射极之间的电压 U_{CEQ} 来决定的,因此工作点参数就是 I_{CQ} 和 U_{CEQ}。

由于 I_{CQ} 的测量不太方便,需要断开集电极支路,因此,多数情况下是在不断开电路和连线的情况下进行间接测量,通常测量 I_C 通路中电阻两端的电压降,然后计算得到 I_{CQ} 的值。

图 2.4.1　静态工作点正常,输入信号太大引起的失真

2)动态测试

在静态工作点调试好的基础上,可进行动态测试。动态测试模拟电路的工作状态,如放大器电路,则可以在其输入端加上模拟信号(一般用正弦波信号),然后用电子仪表测量其动态参数,如放大倍数、幅度-频率特性、输入及输出阻抗等。在动态调试中,除了要掌握各种正确的测试方法外,更重要的是查找各种故障,并进行分析和处理,以保证电路能够正常工作。

新安装的电子电路出现各种各样的故障不足为奇,如元器件的质量、电路板的制作、安装焊接的工艺质量、电源及各种外界因素等,只要有一点点问题,就可能导致整个电路工作不正常。如果同时存在多种故障,那问题就更加复杂了。因此,必须学会运用理论知识和实践经验去分析各种故障现象与故障原因,学会各种查找故障的方法,掌握处理故障的技术。

2.4.3　电子电路常见故障现象及产生原因

1)直流电路常见故障及产生原因

直流电源是电子电路工作的动力,直流供电不正常,电子电路肯定不能正常工作。对于大功率电路,由于消耗能量多,发热量大,供电异常极易损坏大功率器件。因此,查找故障首先从直流供电电路入手。

直流电路常见故障有电压、电流过大或过低。排除电源本身的原因之外,主要是电路直流通道异常引起,其中包括供电回路中的去耦电阻和滤波电容设置不当,晶体管电路中的偏置电阻、负载电阻、耦合电容、旁路电容有问题等。一般情况下,电阻发生断路、电容漏电或短路、晶体管损坏、接线错误造成电路中短路或断路。

2)交流电路常见故障及产生原因

电子电路中最容易发生交流电路的故障,这类故障也是最复杂的,查找难度更大。常见故障的查找思路如下:

(1)有输入信号,无输出信号

在排除直流故障后,这种现象常常是电路中的耦合元件异常引起的,如电感、电容开路或旁路电容短路等,晶体管损坏也是一个原因,这类故障在直流检查过程中很容易被发现。

(2)无输入信号,有输出信号(振荡电路除外)

这种故障极有可能是电路产生了自激振荡,这是多级放大器和深度负反馈放大器最容易出现的故障之一。判别的方法是用示波器观察其输出信号的波形,一般电路自激产生的信号输出幅度较大,并伴有波形失真,其频率常在电路的通频带之外;极低频率的自激振荡(又称为汽船声)主要是供电电源内阻太大或极间去耦不良引起的;高频自激多是分布参数引起的,

如晶体管的极间电容、元件布置不合理、电路屏蔽不好、接地不良等。集成运算放大器开环应用时最容易产生自激,应予以足够的重视。

(3)输出信号幅度太小或太大

在电路输入加上测试信号后,观察电路中各点的信号幅度和波形是检查交流故障的有效方法。根据设计要求,电路各级的放大量决定了各级输出幅度的大小。如果出现输出幅度异常,要检查影响各级放大量的因素,如晶体管的电流放大系数、级间耦合电路的衰减量、负载匹配的程度、调谐回路的谐振频率、负反馈系数等。这要根据实验现象和电路原理等具体情况进行深入分析,才能找到故障原因。

(4)输出信号波形严重失真

晶体管本质上是一个非线性元件,用它来作线性放大器是利用其特性曲线的近似线性部分,这是依靠其静态工作点来控制的。如果输出信号波形严重失真,首先要检查晶体管静态工作点是否正确,在对称的电路中要检查晶体管的参数是否对称,元件参数是否对称等。此外,如果电路的放大倍数或反馈系数变化很大,也会引起波形失真,不过这种故障是与输出信号幅度变化同时出现的。

(5)噪声问题

噪声的来源很多,一般分两大类:一类来自电路内部,主要是晶体管、电阻器等产生的热噪声,电源滤波不良产生的低频噪声,高频元件屏蔽不良引起的互相干扰,电路接地不良等;另一类是外部干扰引起的噪声,尤其是高输入阻抗、高灵敏度电路最易受外界的干扰,对这种电路应考虑采取严密的屏蔽措施。

在电子电路中电源变压器是一个主要的噪声源,因此,对电源变压器应采取严格的隔离和屏蔽措施。

(6)振荡电路不起振

振荡电路是采用正反馈的电子电路,起振条件包括相位条件和振幅条件。正反馈的相位条件在设计电路时决定,一般不会有什么问题,只是在变压器反馈的电路中,反馈线圈的极性有可能接错。对此,在调试时反接就可以检验。振幅条件是由放大器的放大倍数来决定的,在设计时应该留有较大的余量或有调节措施,通常是调节晶体管工作点或负反馈系数来满足起振条件。

(7)在数字逻辑电路实验中的问题

在数字逻辑电路实验中,出现的问题一般有 3 个方面的原因:器件故障、接线错误和设计错误。

①器件故障。是器件失效或接插问题引起的故障。器件失效表现为器件工作不正常,这需要更换器件;器件接插问题,如管脚折断或器件的某个(或某些)引脚没有插到插座中等,也会使器件工作不正常;对于器件接插错误,有时不易发现,需要仔细检查。判断器件失效的方法是用集成电路测试仪测试器件。需要指出的是,一般的集成电路测试仪只能检测器件的某些静态特性。对负载能力等静态特性和上升沿、下降沿、延迟时间等动态特性,一般的集成电路测试仪不能测试。测试器件的这些参数,需使用专门的集成电路测试仪。

②接线错误。在教学实验中,最常见接线错误有漏线错误和布线错误。漏线的现象往往是忘记连接电源和地、线路输入端悬空。悬空的输入端可用三状态逻辑笔或电压表来检测。一个理想的 TTL 电路逻辑 0 电平为 0.2~0.4 V,逻辑 1 电平为 2.4~3.6 V,而悬空点的电平为

1.6～1.8 V。CMOS 的逻辑电平等于实际使用的电源电压和地线。接线错误会使器件(不包括 OC 门和 OD 门)的输出端短路。两个具有相反电平的 TTL 集成电路输出端,如果短路以后将会产生大约 0.6 V 的输出电压。

③设计错误。设计错误自然会造成与预想的结果不一致,原因是没有掌握所用器件的原理。在集成逻辑电路实际应用中,不用的输入端是不允许悬空的。因为由于电磁感应,悬空的输入端易受到干扰产生噪声,而这种噪声有可能被逻辑门当作输入逻辑信号,从而产生错误的输出信号。因此,常把不用的输入端与有用的输入端连接到一起,或根据器件类型,把它们接到高电平或低电平。在带有触发器的电路中,未能正确处理边沿转换时间和激励信号变化时间之间的关系,也会造成错误。

2.4.4 故障检查的方法

模拟电路的故障检查一般是从观察现象入手,然后根据电路原理进行综合分析,采用各种测试方法查找故障原因。基本方法是从直流到交流,从整体到局部,从现象到本质逐步深入,直至找出故障原因并进行处理。

1)直流故障检查

检查直流电路故障有两种情况:一种是新装配的电路,首先要检查是否存在直流电路故障;另一种情况是工作中的电路出现了故障,要从直流电路这方面检查其原因。这两种情况下检查方法是不同的。

对于新装配好的电子装置,通电工作前应检查直流电路是否存在故障。一般使用万用表欧姆挡检查支流电源两端是否有短路,晶体管极间是否有短路,电容两端是否有短路,集成电路各电极间是否有短路,输入电路与输出电路间是否有短路,电阻、电感是否有开路,焊接接点是否有开路或接触不良等。

工作中的电路出现了故障,如果故障与直流电路有关,其检查方法通常是测量供电电源和晶体管的工作点,然后进行分析判断。

2)交流故障检查方法

在排除直流故障之后,检查交流故障的主要方法有:信号寻迹法、对比法、替代法和开环法。

(1)信号寻迹法

在电路输入端加上测试信号,用示波器或毫伏表逐级检查各级的输出信号,哪级输出信号异常,故障就出在哪一级,这样可以很快缩小故障检查范围,然后再根据故障现象的性质深入检查具体故障。

(2)对比法

在确定了故障的大致范围后,深入检查具体故障时可以采用对比法,即将正常电路的参数(如放大倍数、频响特性、波形等)与故障电路的参数进行比较,这样容易判断故障的性质,如放大倍数变小,很可能是工作点发生变化或晶体管参数(β)变小了,也可能是反馈电路元件参数变化所致。如果是频率响应变化,则很可能是耦合电容和旁路电容变质,高频频率响应变化则与高频补偿电路或电路分布参数有关。

(3)替代法

在具体检查元器件的质量好坏时,如果电路不易测试,则可采用替代法,即用一个质量好的元件去代替原电路上的元件。这种方法由于要将旧元件取下来并将新元件安装上去,工作量较大,一般要有一定把握时才这样做,否则会徒劳无功,甚至在焊接过程中损坏元器件,特别是集成电路更应慎重。

(4) 开环法

具有反馈环路的复杂电路,如果出现故障,按一般检查方法不容易找到故障具体位置,尤其是有直流反馈环路的电路,只要其中一个元件有故障,整个环路的工作状态都会不正常,这时就需要将反馈环断开,然后按一般电路进行检查,找出故障并处理好以后再恢复环路工作。

在实际工作中,故障现象千变万化,而且常常是多种故障同时存在,因此分析检查都会困难很多。除了以上各种方法相互配合灵活使用外,工作经验的积累也非常重要,因此要多参加实践,这样才能学到真正的知识。

3) 干扰、噪声抑制和自激振荡的消除

把放大器输入端短路,在放大器输出端仍可测量到一定的噪声和干扰电压,其频率如果是 50 Hz(或 100 Hz),一般称为 50 Hz 交流声;有时是非周期性的,没有一定规律。50 Hz 交流声大都来自电源变压器或交流电源线,100 Hz 交流声往往是由整流滤波不良所造成的。另外,由电路周围的电磁波干扰信号引起的干扰电压也很常见。由于放大器的放大倍数很高(特别是多级放大器),只要在它的前级引进一点微弱的干扰,经过几级放大,在输出端就可能产生一个很大的干扰电压。另外,电路中的地线接得不合理,也会引起干扰。

抑制干扰和噪声的措施有:选用低噪声的元器件、合理布线、屏蔽、滤波、选择合理的接地点等。

自激振荡包括高频振荡和低频振荡。

高频振荡主要是由安装、布线不合理引起的。例如,输入和输出线靠得太近,产生正反馈作用。对此应从安装工艺方面解决,如元件布置紧凑、接线要短等,也可以用一个小电容(1 000 pF 左右)一端接地,另一端逐级接触管子的输入端,或电路中合适部位,找到抑制振荡的最灵敏的一点(即电容接此点时,自激振荡消失),在此处外接一个合适的电阻电容或单一电容(一般为 100 pF~0.1 μF,由实验决定),进行高频滤波或负反馈,以降低放大电路对高频信号的放大倍数或移动高频电压的相位,从而抑制高频振荡。

低频振荡是由各级放大电路共用一个直流电源所引起。因为电源总有一定的内阻,特别是电池用的时间过长或稳压电源质量不高,使得内阻较大时,会引起后级 V_{CC} 处电位的波动,后级 V_{CC} 处电位的波动作用到前级,使前级输出电压相应变化,经放大后,使波动更厉害,如此循环,就会造成振荡现象。最常用的消除办法是在放大电路各级之间加上"去耦电阻"R 和 C,从电源方面使前后级减小相互影响。去耦电阻 R 一般为几百欧,电容 C 选几十微法或更大一些。

数字电路实验中发现结果与预期不一致时,应仔细观测现象,冷静分析问题所在。首先检查仪器、仪表的使用是否正确。在正确使用仪器、仪表的前提下,按逻辑图和接线图查找问题所在。查找与纠错是综合分析、仔细推究的过程,有多种方法,但以"二分法"查错速度较快。所谓"二分法"是将所设计的逻辑电路从最先信号输入端到电路最终信号输出端之间的电路一分为二,在中间找到切入点,断开后半部分电路,对前半部分电路进行分析、测试,确定前半部分电路是否正确,如前半部分电路不正确,对前半部分电路再一分为二,以此类推,只要认真分析、仔细查找,总会成功。

第 **3** 章
电工基础实验

3.1 基本电工仪表的使用与测量误差计算

3.1.1 实验目的

①学习直流稳压电源的使用方法。
②掌握电压表、电流表内电阻的测量方法。
③熟悉电工仪表测量误差的计算方法。

3.1.2 原理说明

①为了准确地测量电路中实际的电压和电流,必须保证仪表接入电路后不会改变被测电路的工作状态,这就要求电压表的内阻为无穷大,电流表的内阻为零,而实际使用的电工仪表都不能满足上述要求。因此,当测量仪表接入电路,就会改变电路原有的工作状态,这就导致仪表的读数值与电路原有的实际值之间出现误差,这种测量误差值的大小与仪表本身内阻值的大小密切相关。

②本实验采用"分流法"测量电流表的内阻,如图 3.1.1 所示。A 为被测内阻(R_A)的直流电流表,测量时先不接 I_S 支路,调节电流源的输出电流 I,使 A 表指针满偏转,然后接上 I_S 支路,并保持 I 值不变,调节电阻箱 R_B 的阻值,使电流表的指针指在 1/2 满偏转位置,此时有

$$I_A = I_S = \frac{1}{2} \qquad R_A = R_B \mathbin{/\mkern-5mu/} R_1$$

R_1 为固定电阻器之值,R_B 由电阻箱的刻度盘上读得。

③测量电压表的内阻采用分压法,如图 3.1.2 所示。V 为被测内阻(R_V)的电压表,测量时先不接 R_1 及 R_B,调节直流稳压源的输出电压使电压表 V 的指针满偏。然后接入 R_1 及 R_B,调节 R_B 使电压表 V 的指示值减半。此时有

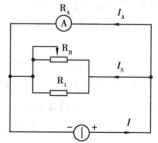

**图 3.1.1 分流法测量
电流表的内阻**

$$R_V = R_1 + R_B \tag{3.1.1}$$

电阻箱刻度盘读出值 R_B 加上固定电阻 R_1 即为被测电压表的内阻值。

电压表的灵敏度为

$$S = \frac{R_V}{U} \tag{3.1.2}$$

④仪表内阻引入的测量误差(通常称之为方法误差,而仪表本身构造上引起的误差称为仪表基本误差)的计算。

以如图 3.1.3 所示电路为例,R_1 上的电压为

$$U_{R_1} = \frac{R_1}{R_1 + R_2} U \tag{3.1.3}$$

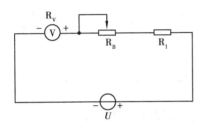

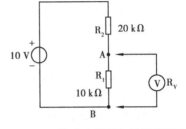

图 3.1.2　分压法测量电压表的内阻　　　图 3.1.3　仪表内阻引入的测量误差

若 $R_1 = R_2$,则 $U_{R_2} = \frac{1}{2} U$,现用一内阻为 R_V 的电压表来测量 U_{R_1} 值,当 R_V 与 R_1 并联后,

$R_{AB} = \dfrac{R_V R_1}{R_V + R_1}$,以此来替代上式中的 R_1,则得

$$U'_{R_1} = \frac{\dfrac{R_V R_1}{R_V + R_1}}{\dfrac{R_V R_1}{R_V + R_1} + R_2} U \tag{3.1.4}$$

绝对误差:$\Delta U = U'_{R_1} - U_{R_1} = \left(U \dfrac{\dfrac{R_V R_1}{R_V + R_1}}{\dfrac{R_V R_1}{R_V + R_1} + R_2} - \dfrac{R_2}{R_1 + R_2} \right)$ 化简后得

$$\Delta U = \left(\frac{-R_1^2 R_2 U}{R_V (R_1^2 + 2R_1 R_2 + R_2^2) + R_1 R_2 (R_1 + R_2)} \right)$$ 若 $R_1 = R_2 = R_V$,则得

$$\Delta U = -\frac{U}{6}$$

相对误差:$\Delta U\% = \dfrac{\Delta U}{U} = \dfrac{U'_{R_1} - U_{R_1}}{U_{R_1}} \times 100\% = \dfrac{-\dfrac{U}{6}}{\dfrac{U}{2}} \times 100\% = -33.3$

3.1.3 实验设备

可调直流稳压源	0~30 V	1台
可调恒流源	0~500 mA	1台
万用表	FM-30 型	1块

3.1.4 实验内容

①根据"分流法"原理测量万用表直流电流 5 mA 和 50 mA 挡量程的内阻,线路如图 3.1.1 所示。数据记入表 3.1.1。

表 3.1.1　根据"分流法"原理测量内阻的数据记录

被测电流表量程/mA	R_1	R_B	计算内阻 R_A
5			
50			

②根据"分压法"原理按如图 3.1.2 所示接线,测量万用表直流电压 1 V 和 5 V 挡量程的内阻。数据记入表 3.1.2。

表 3.1.2　根据"分压法"原理测量内阻的数据记录

被测电压表量程/V	R_1	R_B	计算内阻 R_V	S
1				
5				

③用万用表直流电压 5 V 挡量程测量如图 3.1.3 所示电路中 R_1 上的电压 U'_{R_1} 之值,并计算测量的绝对误差与相对误差。数据记入表 3.1.3。

表 3.1.3　仪表内阻引入的测量误差数据记录

U/V	R_1/kΩ	R_2/kΩ	计算 U_{R_1}	测量 U'_{R_1}	绝对误差	相对误差
10	10	20				

3.1.5 预习要求及思考题

①复习电工仪表的基本使用方法及注意事项。

②实验台上提供的所有实验电源,直流稳压源和恒流源均可通过粗调(分段调)旋钮和微调(连续调)旋钮调节其输出量。启动实验台电源之前,应使其输出旋钮置于零位,实验时再缓慢地增、减输出。

③稳压源的输出不允许短路,恒流源的输出不允许开路。

④根据实验内容①和②,若已求出 5 mA 挡和 1 V 挡的内阻,可否直接计算得出 50 mA 挡

和 5 V 挡的内阻?

⑤用量程为 10 A 的电流表测实际值为 8 A 的电流时,实际读数为 8.1 A,求测量的绝对误差和相对误差。

⑥如图 3.1.4(a)、(b)所示为伏安法测量电阻的两种电路,被测电阻的实际值为 R_X,电压表的内阻为 R_V,电流表的内阻为 R_A,求两种电路测电阻 R_X 的相对误差。

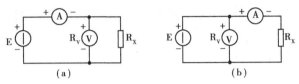

图 3.1.4　伏安法测量电阻的电路图

3.1.6　实验报告

①列表记录实验数据,并计算各被测仪表的内阻值。
②计算实验内容③的绝对误差与相对误差。
③计算思考题。
④其他(包括实验的心得、体会及意见等)。

3.2　元件伏安特性的测试

3.2.1　实验目的

①学会识别常用电路元件的方法。
②掌握线性电阻、非线性电阻元件伏安特性的逐点测试法。
③掌握实验台上直流电工仪表和设备的使用方法。

3.2.2　实验原理

任何一个二端元件的特性可用该元件上的端电压 U 与通过该元件的电流 I 之间的函数关系 $I=f(U)$ 来表示,即用 IU 面上的一条曲线来表征,这条曲线称为该元件的伏安特性曲线。

线性电阻器的伏安特性曲线是一条通过坐标原点的直线,如图 3.2.1 中 a 曲线所示,它的斜率等于该电阻器的电阻值。

①一般的白炽灯在工作时灯丝处于高温状态,其灯丝电阻随着温度的升高而增大,通过白炽灯的电流越大,其温度越高,阻值也越大,一般灯泡的"冷电阻"与"热电阻"的阻值可相差几倍至十几倍,因此它的伏安特性如图3.2.1所示中 b 曲线所示。

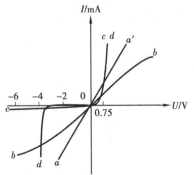

图 3.2.1　元件的 U-I 曲

②一般的半导体二极管是一个非线性电阻元件,其特性如图 3.2.1 所示中 c 曲线。正向压降很小(一般锗管为 0.2~0.3 V,硅管为 0.5~0.7 V),正向电流随正向压降的升高而急剧上升,而反向电压从零一直增加到十至几十伏时,其反向电流增加很小,粗略地可视为零。可见,二极管具有单向导电性,但反向电压加得过高,超过管子的极限值,则会导致管子击穿损坏。

③电压二极管是一种特殊的半导体二极管,其正向特性与普通二极管类似,但其反向特性较特别,如图 3.2.1 所示中 d 曲线。在反向电压开始增加时,其反向电流几乎为零,但当电压增加到某一数值时(称为管子的稳压值,有各种不同稳压值的稳压管)电流将突然增加,以后它的端电压将维持恒定,不再随外加的反向电压升高而增大。

3.2.3　实验设备

可调直流稳压源	0~30 V	1 台
直流数字毫安表	0~2 000 mA	1 块
直流数字电压表	0~200 V	1 块
二极管	1N4007	1 只
稳压二极管	2CW51	1 只
白炽灯	12 V	1 只
电阻器	200 Ω,1 kΩ	各 1 只

3.2.4　实验内容

1)量线性电阻器的伏安特性

按图 3.2.2 所示接线,调节稳压电源的输出电压 U,从 0 V 开始缓慢增加,一直到 12 V,自拟表格记下相应的电压表和电流表的读数。

2)量非线性白炽灯泡的伏安特性

将如图 3.2.2 所示中的 R_L 换成一只 12 V 的白炽灯泡,重复 1)的步骤,调节稳压电源的输出电压 U,从 0 V 开始缓慢增加,一直到 12 V,自拟表格记下相应的电压表和电流表的读数。

3)量半导体二极管的伏安特性

按图 3.2.3 所示接线,R 为限流电阻器(200 Ω),调节稳压电源的输出电压 U,从 0 V 开始缓慢增加,观察记录电压表和电流表的读数,找出二极管的死区电压和正向导通电压。注意在测量二极管的正向特性时,在其导通区域多选取几组测量点。在反向特性测量时,只需将如图 3.2.3 所示中的二极管 VD 反接,且其反向电压可加到 25 V,观察其电流大小的变化。自拟表格记录数据。

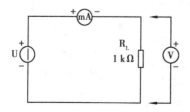

图 3.2.2　测量电阻器的伏安特性

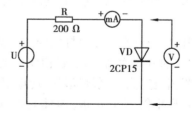

图 3.2.3　测量二极管伏安特性

4）量稳压二极管的伏安特性

将如图 3.2.3 所示中的二极管换成稳压二极管,正向测量同二极管正向测量方法。反向测量时,调节稳压电源的输出电压 U,从 0 V 开始缓慢增加,注意电流大小的变化,其读数不得超过 80 mA,找出稳压二极管的稳压值,选择测量点,测取 7 组数据。自拟表格记录数据。

3.2.5　预习要求及思考题

①测量二极管正向特性时,稳压电源输出电压应由小至大逐渐增加,应时刻注意电流表的读数不得超过 25 mA,稳压电源输出端切勿碰线短路。

②调节稳压电源输出电压时,应缓慢进行,并随时注意电流表和电压表的读数,不能超出其使用要求。

③实验过程中,如需修改电路或出现电路故障时,应立即切断电源,切勿带电操作。

④实验测试时,应先预估电压和电流值,合理选择仪表的量程,勿使测量值超仪表量程,仪表的极性也不可接错。

⑤线性电阻与非线性电阻的概念是什么?电阻器与二极管的伏安特性有何区别?

⑥设某器件伏安特性曲线的函数式为 $I=f(U)$,试问在逐点绘制曲线时,其坐标变量应如何放置?

⑦稳压二极管与普通二极管有何区别,其用途如何?

3.2.6　实验报告

①根据各实验结果数据,分别在方格纸上绘制出光滑的伏安特性曲线。

②根据实验结果,总结、归纳被测各元件的特性。

③必要的误差分析。

④心得体会及其他。

3.3　基尔霍夫定律及叠加原理的验证

3.3.1　实验目的

①验证基尔霍夫定律的正确性,加深对基尔霍夫定律的理解。

②学会测量各支路电流、各节点间电压的方法。

③验证线性电路叠加原理的正确性,加深对线性电路的叠加性和齐次性的认识和理解。

3.3.2　原理说明

1）基尔霍夫定律

基尔霍夫定律是任何集总参数电路都适用的基本电路定律,包括电流定律和电压定律。基尔霍夫定律是分析和计算较为复杂电路的基础,它既可以用于直流电路的分析,也可以用于交流电路的分析,还可以用于含有电子元件的非线性电路的分析。

（1）基尔霍夫电流定律（KCL）

基尔霍夫电流定律是电荷守恒定律的应用，反映了各支路电流之间的约束关系，又称为节点电流定律，简称为 KCL 定律。

KCL 定律指出：在集总电路中，任何时刻，对任一节点，流入该节点电流的总和等于流出该节点电流的总和，即所有流出或流入节点的支路电流的代数和恒等于零。"代数和"是根据电流是流出还是流入节点来判断的。若流出节点的电流取"+"号，则流入节点的电流取"−"号；电流是流出节点还是流入节点，均根据电流的参考方向判断。因此对任一节点有

$$\sum i_{流入} = \sum i_{流出} \quad 或 \sum i = 0$$

KCL 定律是电路的结构约束关系，只与电路的结构有关，而与电路元件性质无关。KCL 定律不仅适用于电路的节点，还可以推广运用到电路中任意假设封闭面。

（2）基尔霍夫电压定律（KVL）

基尔霍夫电压定律是能量守恒定律和转换定律的应用，反映了各支路电压之间的约束关系，又称为回路电压定律，简称为 KVL 定律。

KVL 定律指出：在集总电路中，任何时刻，沿任一回路，所有支路的电压降之和等于电压升之和，即所有支路的电压的代数和恒等于零。对任一回路，沿绕行方向有

$$\sum u_{升} = \sum u_{降} \quad 或 \sum u = 0$$

KVL 定律也是电路的结构约束关系，只与电路的结构有关，而与电路元件性质无关。KVL 定律不仅适用于实际存在的回路，还可以推广运用到电路中任意假想的回路。

2）叠加原理

叠加原理是线性电路可加性的反映，是线性电路的一个重要定理。叠加原理指出：在有多个独立源共同作用下的线性电路中，通过每一个元件的电流或其两端的电压，可以看成是由每一个独立源单独作用时在该元件上所产生的电流或电压的代数和。举例电路如图 3.3.1 所示。

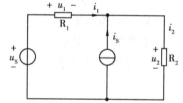

图 3.3.1　叠加定理举例电路

线性电路的齐次性是指当激励信号（某独立源的值）增加或减小 K 倍时，电路的响应（即在电路中各电阻元件上所建立的电流和电压值）也将增加或减小 K 倍。

应用叠加定理，如图 3.3.2 所示。

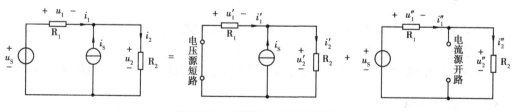

图 3.3.2　应用叠加定理示意图

求解电路有

$$u_1 = u_1' + u_1'' = -\frac{R_1 R_2}{R_1 + R_2} i_S + \frac{R_1}{R_1 + R_2} u_S \qquad i_1 = i_1' + i_1'' = -\frac{R_2}{R_1 + R_2} i_S + \frac{1}{R_1 + R_2} u_S$$

$$u_2 = u_2' + u_2'' = \frac{R_1 R_2}{R_1 + R_2} i_S + \frac{R_2}{R_1 + R_2} u_S \qquad i_2 = i_2' + i_2'' = \frac{R_1}{R_1 + R_2} i_S + \frac{1}{R_1 + R_2} u_S$$

3.3.3　实验设备

可调直流稳压源	0~30 V	1 台
可调直流恒流源	0~500 mA	1 台
直流电压表	0~200 V	1 块
直流毫安表	0~2 000 mA	1 块
数字万用表	—	1 块
电路实验板	—	1 块
可调电阻箱	0~99 999.9 Ω/2 W	1 只
电位器	1 kΩ	1 只

3.3.4　实验内容

1）基尔霍夫定律

按照如图 3.3.3 所示接线，3 个故障按键均在弹起位置。

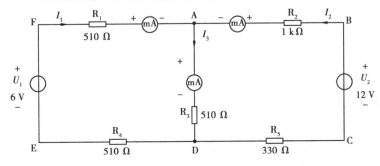

图 3.3.3　基尔霍夫定律实验接线图（U_1 和 U_2 作用）

①实验前先任意设定 3 条支路和 3 个闭合回路的电流正方向。如图 3.3.3 所示中的 I_1，I_2，I_3 的方向已设定。3 个闭合回路的绕行方向可设为 ADEFA，BADCB 和 FBCEF。

②分别将两路直流稳压源接入电路，令 $U_1 = 6$ V，$U_2 = 12$ V。将稳压电源输出端子接至直流电压表的输入端，注意正确的极性连接，调整稳压电源输出分别为 6 V 和 12 V。

③将电路实验箱上的直流数字毫安表分别接入 3 条支路中，测量支路电流，数据记入表 3.3.1，验证基尔霍夫电流定律。接线时应注意，毫安表的极性应与电流参考方向一致。

④用直流数字电压表分别测量两路电源及电阻元件上的电压值，数据记入表 3.3.1，分别选取 3 个闭合回路验证基尔霍夫电压定律。

表 3.3.1　基尔霍夫定律实验数据记录表（$U_1 = 6$ V，$U_2 = 12$ V）

测量项目	I_1/mA	I_2/mA	I_3/mA	U_1/V	U_2/V	U_{FA}/V	U_{AB}/V	U_{AD}/V	U_{CD}/V	U_{DE}/V
计算值										
测量值										
相对误差										

⑤保持电压源 $U_1 = 6$ V,用电流源 I_S 替代电路中电压源 U_2,连接电路如图 3.3.4 所示。

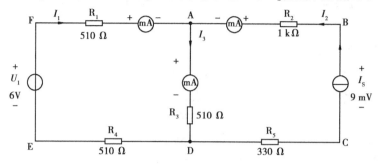

图 3.3.4　基尔霍夫定律实验接线图(U_1 和 I_S 共同作用)

⑥令 $I_S = 9$ mA,将恒流源输出端子接至直流电流表的输入端,注意正确的极性连接,调整恒流源输出为 9 mA。

⑦重复步骤③和④,数据记入表 3.3.2,分别验证基尔霍夫电流定律和电压定律。

表 3.3.2　基尔霍夫定律实验数据记录表($U_1 = 6$ V,$I_S = 9$ mA)

测量项目	I_1/mA	I_2/mA	I_3/mA	U_1/V	U_{IS}/V	U_{FA}/V	U_{AB}/V	U_{AD}/V	U_{CD}/V	U_{DE}/V
计算值										
测量值										
相对误差										

2)叠加原理

(1)线性电阻电路

按图 3.3.5 所示接线,开关 K 接入 330 Ω 电阻。

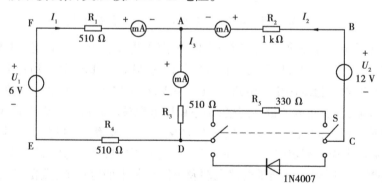

图 3.3.5　叠加原理实验接线图

①将两路稳压源的接入电路,其中,$U_1 = 6$ V,$U_2 = 12$ V。

②令电压源 U_1 单独作用,短路 BC。用毫安表和直流数字电压表分别测量各支路电流及各电阻元件两端的电压,数据记入表 3.3.3。

③令电压源 U_2 单独作用,短路 FE,重复实验步骤②的测量和记录,数据记入表 3.3.3。

④令电压源 U_1 和 U_2 共同作用,重复上述的测量和记录,数据记入表 3.3.3,与两个电源分

别作用结果相比较,验证叠加定理。

⑤取 $U_1 = 12$ V,重复上述第③项的测量并记录,数据记入表 3.3.3,与 $U_1 = 6$ V 时的测量结果相比较,验证齐次性定律。

表 3.3.3 叠加定理实验数据记录表(线性电阻电路,$U_1 = 6$ V,$U_2 = 12$ V)

测量项目 实验内容	U_1 /V	U_2 /V	I_1 /mA	I_2 /mA	I_3 /mA	U_{AB} /V	U_{CD} /V	U_{AD} /V	U_{DE} /V	U_{FA} /V
U_1 单独作用										
U_2 单独作用										
U_1,U_2 共同作用										
$2U_1$ 单独作用										

⑥保持电压源 $U_1 = 6$ V,用电流源 I_S 替代电路中电压源 U_2,令 $I_S = 9$ mA。

⑦分别测量电压源 U_1 和电流源 I_S 分别作用与共同作用时电路各处电压与电流值,数据记入表 3.3.4,验证叠加定理。注意电流源不作用时为开路。

⑧取 $I_S = 18$ mA,使其单独作用于电路,测量数据记入表 3.3.4,与 $I_S = 9$ mA 时的测量结果相比较,验证齐次性定律。

表 3.3.4 叠加定理实验数据记录表(线性电阻电路,$U_1 = 6$ V,$I_S = 9$ mA)

测量项目 实验内容	U_1 /V	U_2 /V	I_1 /mA	I_2 /mA	I_3 /mA	U_{AB} /V	U_{CD} /V	U_{AD} /V	U_{DE} /V	U_{FA} /V
U_1 单独作用										
I_S 单独作用										
U_1,I_S 共同作用										
$2I_S$ 单独作用										

(2)非线性电阻电路

按如图 3.3.5 所示接线,开关 K 接入二极管 1N4007。重复线性电阻电路中实验步骤①—⑤的测量过程,数据记入表 3.3.5。分析当电路接入非线性元件后,叠加定理是否成立。

表 3.3.5 叠加定理实验数据记录表(非线性电阻电路)

测量项目 实验内容	U_1 /V	U_2 /V	I_1 /mA	I_2 /mA	I_3 /mA	U_{AB} /V	U_{CD} /V	U_{AD} /V	U_{DE} /V	U_{FA} /V
U_1 单独作用										
U_2 单独作用										
U_1,U_2 共同作用										
$2U_2$ 单独作用										

（3）电路故障判断

按如图 3.3.5 所示接线，开关 S 接入 330 Ω 电阻。任意按下某个故障设置按键，重复线性电阻电路中实验内容④的测量和记录，再根据测量结果判断出故障的性质。数据记入表3.3.6，将电路故障判断记入表3.3.7。

表 3.3.6   故障电路的实验数据记录表（U_1, U_2 共同作用）

测量项目 实验内容	U_1 /V	U_2 /V	I_1 /mA	I_2 /mA	I_3 /mA	U_{AB} /V	U_{CD} /V	U_{AD} /V	U_{DE} /V	U_{FA} /V
故障一										
故障二										
故障三										

表 3.3.7   故障电路原因及判断依据

原因和依据 故障内容	故障原因	判断依据
故障一		
故障二		
故障二		

3.3.5   预习要求及思考题

①根据如图 3.3.3 所示的电路参数，计算出待测的电流 I_1, I_2, I_3 和各电阻上的电压值，记入表 3.3.1 中，以便实验测量时，可正确地选定毫安表和电压表的量程。

②所有需要测量的电压和电流值，均以电压表和电流表测量的读数为准。U_1, U_2, I_S 也需测量，不应取电源本身的显示值。实验过程中应防止稳压电源两个输出端碰线短路。

③用指针式电压表或电流表测量电压或电流时，如果仪表指针反偏，则必须调换仪表极性，重新测量。此时指针正偏，可读得电压或电流值。若用数显电压表或电流表测量，则可直接读出电压或电流值。但应注意，所读得的电压或电流值的正、负号应根据设定的电流参考方向来判断。

④在基尔霍夫定理实验中，若用指针式万用表直流毫安挡测各支路电流，在什么情况下可能出现指针反偏，应如何处理？在记录数据时应注意什么？若用直流数字毫安表进行测量时，则会有什么显示？

⑤在叠加原理实验中，若令 U_1, U_2 分别单独作用，应如何操作？可否直接将不作用的电源（U_1 或 U_2）短接置零？

⑥实验电路中,若将一个电阻器改为二极管,试问叠加原理的叠加性与齐次性还成立吗?为什么?

3.3.6　实验报告

①根据基尔霍夫实验数据,选定节点 A,验证 KCL 的正确性。

②根据基尔霍夫实验数据,选定实验电路中的任一个闭合回路,验证 KVL 的正确性。

③将支路和闭合回路的电流方向重新设定,重复①、②两项验证。

④根据线性电阻电路实验数据表格,进行分析比较和归纳总结,得出实验结论,即验证线性电路的叠加性与齐次性。

⑤各电阻器所消耗的功率能否用叠加原理计算得出?试用上述实验数据,进行计算并给出结论。

⑥通过非线性电阻电路实验及分析表 3.3.5 的数据,能得出什么样的结论?

⑦误差原因分析。

3.4　线性有源二端网络等效参数的测定

3.4.1　实验目的

①验证戴维南定理和诺顿定理的正确性,加深对该定理的理解。

②掌握测量有源二端网络等效参数的一般方法。

3.4.2　原理说明

1)戴维南定理和诺顿定理

任何一个线性含源网络,如果仅研究其中一条支路的电压和电流,则可将电路的其余部分看作是一个有源二端网络(或称为含源一端口网络)。

戴维南定理指出:任何一个线性有源网络,总可以用一个等效电压源来代替,此电压源的电动势 E_s 等于这个有源二端网络的开路电压 U_{OC},其等效内阻 R_0 等于该网络中所有独立源均置零(理想电压源视为短接,理想电流源视为开路)时的等效电阻。E_s 和 R_0 称为有源二端网络的等效参数。

诺顿定理指出:任何一个线性有源网络,总可以用一个电流源与一个电阻的并联组合来等效代替,此电流源的电流 I_s 等于这个有源二端网络的短路电流 I_{SC},其等效内阻 R_0 定义同戴维南定理。

U_{OC} 和 R_0 或者 I_{SC} 和 R_0 称为有源二端网络的等效参数。

2)有源二端网络等效参数的测量方法

(1)开路电压 U_{OC} 和短路电流 I_{SC} 的测量

①直接测量法

当有源二端网络的等效内阻 R_0 远小于电压表内阻 R_V 时,可将有源二端网络的待测支路开路,直接用电压表测量其开路电压 U_{OC},再将其输出端短路,用电流表测其短路电流 I_{SC}。

②零示法

在测量具有高内阻有源二端网络的开路电压时,用电压表进行直接测量会造成较大的误差,为了消除电压表内阻的影响,往往采用零示法测量,如图 3.4.1 所示。

零示法测量原理是用理想电压源与被测有源二端网络进行比较。当稳压电源的输出电压与有源二端网络的开路电压相等时,电压表的读数为 0;然后将电路断开,测量此时理想电压电源的输出电压(即被测有源端网络的开路电压 U_{OC})。

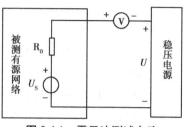

图 3.4.1　零示法测试电路

(2)等效电阻 R_0 的测量

分析有源二端网络的等效参数,关键是求等效电阻 R_0。

①直接测量法

先将有源二端网络中所有独立电源置零,即理想电压源视为短路,理想电流源开路,把电路变换为无源二端网络,再用万用表的电阻挡接在开路端口测量,其读数就是 R_0 值。

②短路电流法

在有源二端网络输出端开路时,用电压表直接测其输出端的开路电压 U_{OC},再将其输出端短路,用电流表测其短路电流 I_{SC},则等效内阻为

$$R_0 = \frac{U_{OC}}{I_{SC}} \tag{3.4.1}$$

如果二端网络的内阻很小,若将其输出端口短路则易损坏其内部元件,因此不宜用此法。

③伏安法

若网络端口不允许短路(如二端网络的等效电阻很小)时,可以接一个可变的电阻负载 R_L,用电压表、电流表测出有源二端网络的外特性如图 3.4.2 所示。根据伏安特性曲线求出斜率 $\tan\varphi$,则等效内阻 R_0 为

$$R_0 = \tan\varphi = \frac{\Delta U}{\Delta I} \tag{3.4.2}$$

可以先测量开路电压 U_{OC},在端口 AB 处接上已知负载电阻 R_N,再测量在 R_N 下的电压 U_N 和电流 I_N,则等效内阻为

$$R_0 = \frac{U_{OC} - U_N}{I_N} \text{ 或 } R_0 = \frac{U_{OC} - U_N}{U_N} R_N$$

④半电压法

若二端网络的内阻很小时,则不宜测其短路电流。测试方式如图 3.4.3 所示,当负载电压为被测网络开路电压一半时,负载电阻(由电阻箱的读数确定)即为被测有源二端网络的等效内阻值。即

$$R_0 = R_L \qquad (\text{条件}: U_L = \frac{1}{2}U_{OC})$$

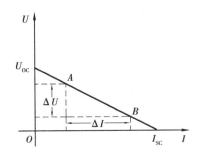

图 3.4.2　伏安特性曲线

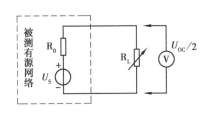

图 3.4.3　半电压法测试电路

3.4.3　实验设备

可调直流稳压源	0~30 V	1 台
可调直流恒流源	0~500 mA	1 台
直流电压表	0~200 V	1 块
直流毫安表	0~2 000 mA	1 块
电路实验板	—	1 块
可调电阻箱	0~99 999.9 Ω/2W	1 只

3.4.4　实验内容

1）测量等效参数

为了对实验数据做到心中有数,可先估算有源二端网络的参数,填入表 3.4.1 中。再用上述方法测量等效参数,记入表 3.4.1 中,并比较理论值与测量值的误差。

表 3.4.1　等效参数的数据表

		U_{oc}/V		I_{sc}/mA		R_0/Ω
计算值						
测量值	直接测量法				直接测量法	
	零示法		直接测量法		伏安法	
					短路电流法	

2）测量有源二端网络的伏安特性 $U=f(I)$

将如图 3.4.4(a)所示中的 A,B 端接上可变电阻负载 R_L,按表 3.4.2 中所列数据调节负载电阻值,分别用电压表和电流表测量不同 R_L 值时所对应的负载电压和电流,并将测量的数据记入表 3.4.2 中。

3）测量戴维南等效电路的伏安特性

用表 3.4.1 中得到的等效参数(取平均值),按照如图 3.4.4(b)所示组成戴维南等效电路,重复步骤 2)的实验内容,将测量结果记入表 3.4.2 中。

4）测量诺顿等效电路的伏安特性

用表 3.4.1 中得到的等效参数(取平均值),按照如图 3.4.4(c)所示组成诺顿等效电路,重复步骤 2)的实验内容,将测量结果记入表 3.4.2 中。

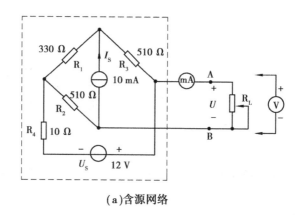

（a）含源网络

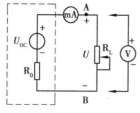

（b）等效电压源模型

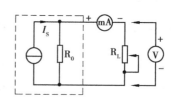

（c）等效电流源模型

图 3.4.4　不同电路的伏安特性测量

表 3.4.2　不同电路的伏安特性测量数据表

$R_L/k\Omega$		0	2	4	6	8	10	∞
含源网络 （图 3.4.4(a)）	U/V							
	I/mA							
等效电压源 （图 3.4.4(b)）	U/V							
	I/mA							
等效电流源 （图 3.4.4(c)）	U/V							
	I/mA							

根据上表的数据,在同一坐标纸上绘出 3 个电路的伏安特性曲线,验证其定理的正确性。

3.4.5　预习要求及思考题

①注意测量时,电流表量程的更换。

②用万用表直接测 R_0 时,网络内的独立源必须先置零,以免损坏万用表。

③改接线路时,要关掉电源。

④预习测量戴维南定理等效参数的常用测试方法,了解这些方法的特点和应用场合。

⑤在求戴维南等效电路时,作短路实验。测 I_{SO} 的条件是什么?在本实验中可否直接作负载短路实验?请实验前对如图 3.4.4 所示线路预先作好计算,以便调整实验线路及测量时可准确地选取仪表的量程。

⑥分析测量有源二端网络开路电压及等效内阻的几种方法,并比较其优缺点。

3.4.6　实验报告

①根据表 3.4.2 中的数据,在同一坐标纸上绘出 3 个电路的伏安特性曲线,以验证戴维南定理及诺顿定理的正确性,并分析产生误差的原因。

②根据测得的 U_{OC} 和 R_0 值与电路计算的结果作比较,你能得出什么结论?

③归纳、总结实验结果。

④心得体会及其他。

3.5　用三表法测量电路等效参数

3.5.1　实验目的

①学会用交流电压表、交流电流表和功率表测量元件的交流等效参数的方法。

②学会功率表的接法和使用。

3.5.2　原理说明

1)三表法测量电路等效参数

正弦交流激励下的元件值或阻抗值,可以用交流电压表、交流电流表及功率表,分别测量出元件两端的电压 U,通过该元件的电流 I 和它所消耗的功率 P,再通过计算得到交流等效参数值,这种方法称为三表法。三表法是测量交流电路等效参数的基本方法。

计算的基本公式为

阻抗的模
$$|Z| = \frac{U}{I} \tag{3.5.1}$$

电路的功率因数
$$\cos \varphi = \frac{P}{UI} \tag{3.5.2}$$

等效电阻
$$R = \frac{P}{I^2} = |Z| \cos \varphi \tag{3.5.3}$$

等效电抗
$$X = |Z| \sin \varphi \tag{3.5.4}$$

如果被测元件为一个电感线圈,则有
$$X = X_L = |Z| \sin \varphi = 2\pi f L \tag{3.5.5}$$

如果被测元件为一个电容器,则有
$$X = X_C = |Z| \sin \varphi = \frac{1}{2\pi f C} \tag{3.5.6}$$

如果被测对象不是一个元件,而是一个无源一端口网络,虽然也可从 U, I, P 3 个量中求得 $R = |Z| \cos \varphi, X = |Z| \sin \varphi$,但无法判定出 X 是容性还是感性。

2)阻性性质的判别方法

用在被测元件两端并联电容或串联电容的方法来加以判别,方法与原理如下:

①在被测元件两端并联一只适当容量的实验电容,若串接在电路中电流表的读数增大,则被测阻抗为容性,电流减小则为感性。

如图 3.5.1(a)所示中,Z 为待测定的元件,C′为试验电容器。图 3.5.1(b)是图 3.5.1(a)的等效电路,图中 G,B 为待测阻抗 Z 的电导和电纳,B′为并联电容 C′的电纳。在端电压有效值不变的条件下,按下面两种情况进行分析:

a.设 $B+B'=B''$,若 B' 增大,B'' 也增大,则电路中电流 I 将单调地上升,故可判断 B 为容性元件。

b.设 $B+B'=B''$,若 B' 增大,而 B'' 先减小而后再增大,电流 I 也是先减小后上升,如图 3.5.2 所示,则可判断 B 为感性元件。

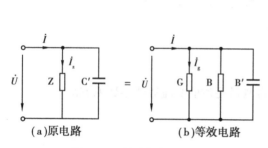

图 3.5.1　并联电容测量法

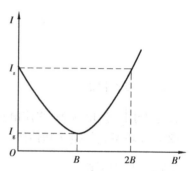

图 3.5.2　I-I'关系曲线

由上分析可见,当 B 为容性元件时,对并联电容值 B' 无特殊要求,而当 B 为感性元件时,$B'<|2B|$ 才有判定为感性的意义。$B'>|2B|$ 时,电流单调上升,与 B 为容性时相同,并不能说明电路是感性的。因此,$B'<|2B|$ 是判断电路性质的可靠条件,由此得判定条件为

$$B' < \left| \frac{2B}{\omega} \right| \qquad (3.5.7)$$

②将被测元件串联一个适当的实验电容,若被测阻抗的端电压下降,则判为容性,端电压上升则为感性,判定条件为

$$\frac{1}{\omega C'} < |2X| \qquad (3.5.8)$$

式中,X 为被测阻抗的电抗值;C′为串联实验电容值,此关系式可自行证明。

判断待测元件的性质,除借助于上述实验电容 C′测定法外,还可以利用该元件电流、电压间的相位关系,若 I 超前于 U 为容性,若 I 滞后于 U 则为感性。

3.5.3　实验设备

交流数字电压表	0~500 V	1 块
交流数字电流表	0~5 A	1 块
单相功率表	0~5 A,0~450 V	1 块
镇流器	30 W	1 只
电容器	1 μF/500 V,4.7 μF/500 V	各 1 只
白炽灯	25 W/220 V	2 盏

3.5.4 实验内容

①按如图 3.5.3 所示接线,经仔细检查后,方可接通电源。

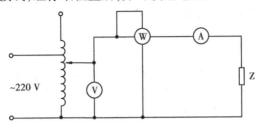

图 3.5.3   三表法测量电路

②分别测量白炽灯(R),日光灯镇流器(L)和电容器(C)的等效参数。

③测量 L,C 串联与并联后的等效参数。

④观察并测定功率表电压并联线圈前接法与后接法对测量结果的影响,将测量数据记入表 3.5.1 中。

表 3.5.1   测量不同负载电路的实验数据

负 载	测量值				计算值		
	U/V	I/A	P/W	$\cos \varphi$	R	L	C
白炽灯 R						—	—
镇流器 L						—	—
电容器 C					—	—	
L,C 串联							
L,C 并联							

⑤验证用串、并实验电容法判别负载性质的正确性。

实验电路如图 3.5.3 所示,但不必接入功率表,结果计入表 3.5.2。

表 3.5.2   串、并联电容法判断负载阻抗性质实验数据记录

被测元件	串联 2 μF 电容		并联 2 μF 电容	
	串联前端电压	串联后端电压	并联前电流	并联后电流
C(4.7/μf)				
镇流器 L				

3.5.5 实验注意事项

①本实验直接用市电 220 V 交流电源供电,实验中要特别注意人身安全,不可用手直接触摸通电线路的裸露部分,以免触电。

②自耦调压器在接通电源前,应将其手柄置在零位上。调节时,使其输出电压从零开始逐渐升高。每次改接实验线路或实验完毕,都必须先将其旋柄慢慢调回零位,再断电源。必须严格遵守这一安全操作规程。

③电感线圈 L 中流过电流不得超过 0.4 A。

3.5.6 预习要求及思考题

①实验前应详细阅读智能交流功率表的使用说明,熟悉其使用方法。

②在 50 Hz 的交流电路中,测得一只铁心线圈的 P, I 和 U,如何算得它的阻值及电感量?

③如何用串联电容的方法来判别阻抗的性质?试用 I 随 X'_C(串联容抗)的变化关系作定性分析,证明串联实验时,C' 满足 $\frac{1}{\omega C'} < |2X|$。

3.5.7 实验报告

①根据实验数据,完成各项计算。

②分析功率表并联电压线圈前后接法对测量结果的影响。

③总结功率表与自耦调压器的使用方法。

④心得体会及其他。

附:

智能功率表的使用

　　智能功率表接线同普通指针式功率表一样,它可将两只功率表一起使用,用双瓦法对三相有功功率进行测量,也可对单相有功功率进行测量。对输入的电压、电流,根据其数值大小,能自动切换量程。除能测量功率外,也可测量单相负载的功率因数及负载性质等,还可存储 15 组功率及功率因数的数据,并可随意查询显示。操作方法及步骤详见使用说明书。

　　测“P”和“$\cos \varphi$”的操作简要说明如下:

①按要求接好电路。

②开启电源,显示屏出现“P”的巡回走动。

③按动功能键一次,显示屏出现“P”,再按确认键,即可获得功率 P 的读数。

④继续按动功能键,显示屏出现“$\cos$”,再按确认键,即可获得功率因数 $\cos \varphi$ 之值,还可确认负载的性质(C 容性指示,L 感性指示)。

3.6　RC 一阶电路的响应测试

3.6.1 实验目的

①测定 RC 一阶电路的零输入响应、零状态响应及完全响应。

②学习电路时间常数的测量方法。

③掌握有关微分电路和积分电路的概念。

④进一步学会用示波器观测波形。

3.6.2 实验原理

1)电容元件的伏安关系

电容元件是储存电能的元器件,是实际电容器的理想化模型。电容元件的元件特性是电路物理量电荷 q 与电压 u 的代数关系。在电压参考极性与极板储存电荷的极性一致时,线性电容元件元件特性为 $q=Cu$。

线性电容元件两端的电压和电流取关联参考方向,如图 3.6.1 所示,可得电容元件的电压电流(VCR)为:

$$\begin{cases} i_C = C\dfrac{\mathrm{d}u_c}{\mathrm{d}t} \\ u_C(t) = \dfrac{1}{C}\displaystyle\int_{-\infty}^{t} i(\xi)\mathrm{d}\xi = u_C(t_0) + \dfrac{1}{C}\displaystyle\int_{t_0}^{t} i(\xi)\mathrm{d}\xi \end{cases}$$

2)一阶 RC 电路的零输入响应、零状态响应和全响应

用一阶常系数线性微分方程描述其过渡过程的电路,或者说只含一个独立储能元件(电容或电感)的电路称为一阶电路。

(1)一阶电路的零输入响应(RC 放电)

一阶电路零输入响应:动态电路中无外加激励电源,仅由动态元件初始储能所产生的响应,称为零输入响应。

如图 3.6.2 所示 RC 电路,开关 S 闭合前,电容 C 已充电,其电压 $u_C=U_0$,$t=0$ 开关闭合,根据 KVL 和电容元件伏安关系列方程有:

$$\begin{cases} u_R - u_C = 0 \\ i_C = -C\dfrac{\mathrm{d}u_C}{\mathrm{d}t} \end{cases}$$

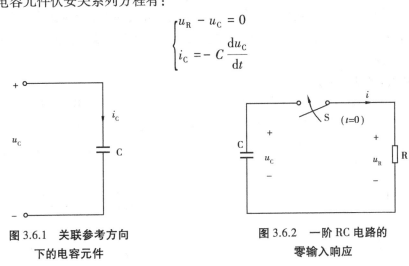

图 3.6.1 关联参考方向
下的电容元件

图 3.6.2 一阶 RC 电路的
零输入响应

整理有:$RC\dfrac{\mathrm{d}u_C(t)}{\mathrm{d}t}+u_C(t)=0$,求解方程,代入初值得:$u_C=u_R=U_0\mathrm{e}^{-\frac{1}{RC}t}(t\geqslant 0)$。

(2)一阶 RC 电路的零状态响应(RC 充电)

一阶电路零状态响应:当动态元件(电容或电感)初始储能为零(即初始状态为零)时,仅由外加激励产生的响应称为零状态响应。

如图 3.6.3 所示 RC 电路,开关 S 闭合前,电路处于零初始状态,即 $u_C(0-)=0$,在 $t=0$ 时刻

开关闭合,电路接入直流电源 u_S,根据 KVL 和电容元件伏安关系列方程有

$$\begin{cases} u_R + u_C = u_S \\ i_C = C\dfrac{\mathrm{d}u_C}{\mathrm{d}t} \end{cases}$$

整理有:$RC\dfrac{\mathrm{d}u_C(t)}{\mathrm{d}t}+u_C(t)=u_S$ 求解方程,代入初值得:$u_C=U_S(1-\mathrm{e}^{-\frac{1}{RC}t})$($t=0$)。

（3）一阶 RC 电路的全响应

当一个非零初始状态的一阶电路受到激励时,电路的响应称为一阶电路的全响应。

如图 3.6.3 所示 RC 电路,开关 S 闭合前,电容已经具有初始储能,即 $u_C(0-)=U_0$,在 $t=0$ 时刻开关闭合,电路接入直流电源 u_S,列方程有:$RC\dfrac{\mathrm{d}u_C(t)}{\mathrm{d}t}+$

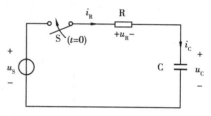

图 3.6.3　一阶 RC 电路的零状态响应

$u_C(t)=u_S$,求解方程,代入初值得:$u_C=U_0\mathrm{e}^{-\frac{1}{RC}t}+U_S(1-\mathrm{e}^{-\frac{1}{RC}t})$($t=0$)。可以看出,全响应=零输入响应+零状态响应。

3）时间常数 τ 的测定方法

动态网络的过渡过程是十分短暂的单次变化过程。要用普通示波器观察过渡过程和测量有关的参数,就必须使这种单次变化的过程重复出现。为此,可以利用信号发生器输出的方波来模拟阶跃激励信号,即利用方波输出的上升沿作为零状态响应的正阶跃激励信号;利用方波的下降沿作为零输入响应的负阶跃激励信号。只要选择方波的重复周期远大于电路的时间常数 τ,那么,电路在这样的方波序列脉冲信号的激励下,它的响应就和直流电接通与断开的过渡过程是基本相同的。

4）时间常数 τ 的测定方法

用示波器测量零输入响应的波形如图 3.6.4（a）所示。根据一阶 RC 电路的微分方程求解得 $u_C=U_m\mathrm{e}^{-t/RC}=U_m\mathrm{e}^{-t/\tau}$,可知当 $t=\tau$ 时,$U_C(\tau)=0.368\,U_m$,即当电容电压下降至 $0.368\,U_m$ 时,此时所对应的时间就等于 τ。同理,可用一阶零状态响应波形增加到 $0.632\,U_m$ 所对应的时间测得,如图 3.6.4（c）所示。

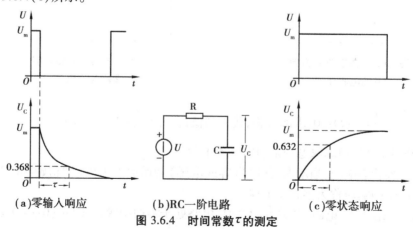

（a）零输入响应　　　（b）RC 一阶电路　　　（c）零状态响应

图 3.6.4　时间常数 τ 的测定

5) 微分电路和积分电路

微分电路和积分电路是 RC 一阶电路中较典型的电路,它对电路元件参数和输入信号的周期有特定的要求。一个简单的 RC 串联电路,在方波序列脉冲的重复激励下,当满足 $\tau = RC \ll \dfrac{T}{2}$ 时 (T 为方波脉冲的重复周期),且由 R 两端的电压作为响应输出,则该电路就是一个微分电路。因为此时电路的输出信号电压与输入信号电压的微分成正比,如图 3.6.5(a) 所示。利用微分电路可以将方波转变成尖脉冲。

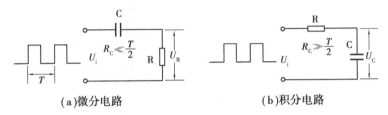

(a) 微分电路 (b) 积分电路

图 3.6.5 微分电路和积分电路

若将图 3.6.5(a) 中的 R 与 C 位置调换一下,如图 3.6.5(b) 所示,由 C 两端的电压作为响应输出,且当电路的参数满足 $\tau = RC \gg \dfrac{T}{2}$,则该 RC 电路称为积分电路。因为此时电路的输出信号电压与输入信号电压的积分成正比。利用积分电路可以将方波转变成三角波。

从输入输出波形来看,上述两个电路均起着波形变换的作用,请在实验过程中仔细观察与记录。

3.6.3 实验设备

信号发生器	1 台
双踪示波器	1 台
电路实验板	1 块

3.6.4 实验内容

实验线路板的器件组件,如图 3.6.6 所示,请认清 R,C 元件的布局及其标称值,各开关的通断位置等。

①从电路板上选 $R = 10 \text{ k}\Omega$,$C = 6\,800 \text{ pF}$ 组成如图 3.6.4(b) 所示的 RC 充放电电路。u_i 为信号发生器输出的 $U_{PP} = 3 \text{ V}$,$f = 1 \text{ kHz}$ 的方波信号,并通过两根同轴电缆线,将激励源 u_i 和响应 u_C 的信号分别连至示波器的两个输入口 YA 和 YB。这时可在示波器的屏幕上观察到激励与响应的变化规律,请测算出时间常数 τ,并用方格纸按 1:1 的比例描绘波形,记入表 3.6.1。少量地改变电容值或电阻值,定性地观察对响应的影响,记录观察到的实验现象。

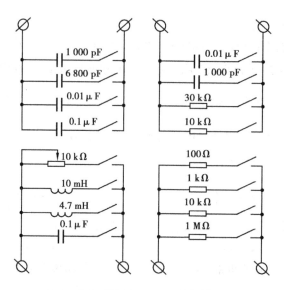

图 3.6.6　动态电路、选频电路实验板

表 3.6.1　RC 电路的方波激励响应记录表

$U_{PP}=3$ V，$f=1$ kHz，$R=10$ kΩ，$C=6$ 800 pF		
	零状态响应	零输入响应
u_C 波形		
测量 τ 值		
计算 τ 值		

②令 $R=10$ kΩ，$C=0.1$ μF，观察并描绘响应的波形，继续增大 C 值，定性地观察对响应的影响。

③令 $C=0.1$ μF，$R=100$ Ω，组成如图 3.6.5(a)所示的微分电路。在 $U_{PP}=3$ V，$f=1$ kHz 的方波激励信号作用下，观测并描绘激励与响应的波形，记入表 3.6.2。增减 R 值，定性地观察对响应的影响，并作记录。当 R 增至 1 MΩ 时，输入输出波形有何本质上的区别？

表 3.6.2　RC 组成微分电路记录表

$U_{PP}=3$ V，$f=1$ kHz，$C=0.1$ μF			
电阻 R 值	100 Ω	1 kΩ	10 kΩ	1 MΩ
u_R 波形			
测量 τ 值			
计算 τ 值			

④令 $C = 0.1 \mu F, R = 100 \Omega$,组成如图 3.6.5(b)所示的积分电路。在 $U_{PP} = 3 V, f = 1 kHz$ 的方波激励信号作用下,观测并描绘激励与响应的波形,记入表 3.6.3。增减 R 值,定性地观察对响应的影响,并作记录。当 R 增至 $1 M\Omega$ 时,输入输出波形有何本质上的区别?

表 3.6.3　RC 组成积分电路记录表

	$U_{PP} = 3 V, f = 1 kHz, C = 0.1 \mu F$			
电阻 R 值	100 Ω	1 kΩ	10 kΩ	1 MΩ
u_C 波形				
测量 τ 值				
计算 τ 值				

3.6.5　实验注意事项

①调节电子仪器各旋钮时,动作不要过快、过猛。实验前,需熟读双踪示波器的使用说明书。观察双踪示波器时,要特别注意相应开关、旋钮的操作与调节。

②信号源的接地端与示波器的接地端要连在一起(共地),以防外界干扰而影响测量的准确性。

③示波器的辉度不应过亮,尤其是光点长期停留在荧光屏上不动时,应将辉度调暗,以延长示波管的使用寿命。

3.6.6　预习要求及思考题

①什么样的电信号可作为 RC 一阶电路零输入响应、零状态响应和完全响应的激励源?

②已知 RC 一阶电路 $R = 10 k\Omega, C = 0.1 \mu F$,试计算时间常数 τ,并根据 τ 值的物理意义,拟订测量 τ 的方案。

③何谓积分电路和微分电路,它们必须具备什么条件? 它们在方波序列脉冲的激励下,其输出信号波形的变化规律如何? 这两种电路有何功用?

3.6.7　实验报告

①根据实验观测结果,在方格纸上绘出 RC 一阶电路充放电时 u_C 的变化曲线,由曲线测得 τ 值,并与参数值的计算结果作比较,分析误差原因。

②根据实验观测结果,归纳、总结积分电路和微分电路的形成条件,阐明波形变换的特征。

③讨论时间常数 τ 值对电容充、放电速度的影响。

④根据一阶 RC 电路的实验内容与结论,拟订一阶 RL 电路的实验内容,讨论一阶 RL 电路激励与响应的特点、波形、参数等。

3.7　正弦稳态交流电路相量的研究

3.7.1　实验目的

①研究正弦稳态交流电路中电压、电流相量之间的关系。
②掌握日光灯线路的接线。
③理解改善电路功率因数的意义并掌握此方法。

3.7.2　原理说明

①在单相正弦交流电路中,用交流电流表测得各支路的电流值,用交流电压表测得回路各元件两端的电压值,它们之间的关系满足相量形式的基尔霍夫定律,即

$$\sum \dot{I} = 0 \text{ 和 } \sum \dot{U} = 0$$

②如图 3.7.1 所示的 RC 串联电路,在正弦稳态信号 U 的激励下,U_R 与 U_C 保持有 90°的相位差,即当阻值 R 改变时,U_R 的相量轨迹是一个半圆,U,U_C,U_R 三者形成一个直角形的电压三角形。R 值改变时,可改变 φ 角的大小,从而达到移相的目的。

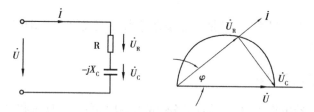

图 3.7.1　RC 串联电路和相量图

③感性负载的电流 I 滞后负载的电压 U 一个 φ 角度,负载吸收的功率为

$$P = UI \cos \varphi \tag{3.7.1}$$

如果负载的端电压恒定,功率因数越低,线路上的电流越大,输电线损耗越大,传输效率越低,发电机容量得不到充分利用。因此,提高输电线路系统的功率因数是很有意义的。

日光灯线路如图 3.7.2 所示,图中 C 为补偿电容器,用以改善电路的功率因数($\cos \varphi$ 值)。有关日光灯的工作原理请参阅附注。

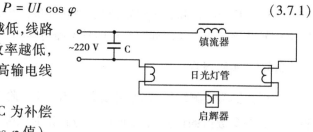

图 3.7.2　日光灯电路

3.7.3　实验设备

交流电流表	0~5 A	1 块
交流电压表	0~500 V	1 块
功率表	0~5 A,0~450 V	1 块

白炽灯	25 W/220 V	2 盏
电容器	2 μF/500 V, 4.7 μF/500 V	各 1 只
日光灯管	30 W/220 V	1 盏

3.7.4　实验内容

1) 验证电压三角形关系

①用一盏 25 W 的白炽灯和 4.7 μF 电容器组成如图 3.7.1 (a) 所示的实验电路,将自耦调压器输出调至 220 V(用电压表测量),然后测量电压 U_R, U_C。

②改变电阻值(用两盏 25 W 的白炽灯串联),重复上述内容,将数据记入表 3.7.1 中。观测 U_R 相量轨迹,验证电压三角形关系。

表 3.7.1　电压测量记录表

灯泡盏数	测量值			计算值	
	U/V	U_R/V	U_C/V	U'/V	φ
1					
2					

2) 电路功率因数的改善

按如图 3.7.3 所示接线,接通电源,将自耦调压器的输出电压调到 220 V(实验中保持此电压不变),这时日光灯管应该亮,如果不亮,先关闭电源,仔细检查接线是否正确。记录电流表、功率表及功率因数表的读数,分别改变电容值进行测量。数据记入表 3.7.2 中。

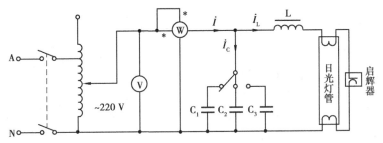

图 3.7.3　改善功率因数实验电路图

表 3.7.2　改善功率因数的实验记录

$C/μF$	测量数据					计算值
0	P/W	$\cos\varphi$	I/mA	I_L/mA	I_C/mA	I/mA
2						
4.7						
6.7						

3.7.5 实验注意事项

①本实验用交流市电 220 V,务必注意用电和人身安全。
②在接通电源前,应先将自耦调压器的手柄置零。
③功率表要正确接入电路,要注意电流表的量程选择。

3.7.6 预习要求及思考题

①复习单相正弦交流电路的有关理论知识,了解日光灯的启动原理。
②在日常生活中,当日光灯上缺少了启辉器时,人们常用一根导线将启辉器的两端短接一下,然后迅速断开,使日光灯点亮。或用一只启辉器去点亮多只同类的日光灯,这是为什么?
③为了提高电路的功率因数,常在感性负载上并联电容器,此时增加了一条电流支路,试问电路的总电流是增大还是减小,此时感性元件上的电流和功率是否改变?
④提高电路的功率因数为什么多采用并联电容器法,而不用串联法?并联的电容器是否越大越好?

3.7.7 实验报告

①完成数据表格中的数据计算,进行必要的误差分析。
②根据实验数据,分别绘出实验 1)和实验 2)的电压、电流相量图,验证相量形式的基尔霍夫定律。
③讨论改善电路功率因数的意义和方法。
④装接日光灯线路的心得体会及其他。

附:

日光灯的工作原理

如图 3.7.4 所示为日光灯电路原理图。日光灯是一种气体放电管,管内装有少量汞气,当管端电极间加以高压后,电极发射的电子能使汞气电离产生辉光,辉光中的紫外线射到管壁的荧光粉上,使其受到激励而发光。

日光灯在高压下才能发生辉光放电,在低压下(如 220 V)使用时,必须装有启动装置产

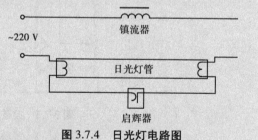

图 3.7.4 日光灯电路图

生瞬时的高压。启动装置包括启辉器及镇流线圈。启辉器是一个含有氖气的小玻璃泡,泡内有两个相距很近的电极,电极之一是由两片热膨胀系数相差很大的金属黏合而成的金属片。当接通电源时,泡内气体发生辉光放电,双金属片受热膨胀而弯曲,与另一电极碰接,辉光随之熄灭,待冷却后,两个电极立即分开。电路的突然断开,使镇流线圈产生一个很高的感应电压,此电压与电源电压叠加后足以使日光灯发生辉光放电而发光。镇流线圈在日光灯启动后起到降低灯管的端电压并限制其电流的作用。由于这个线圈的存在,因此日光灯是一个感性负载。由于气体放电的非线性,以及铁芯线圈的非线性,严格地说,日光灯负载为非线性负载。

3.8　单相变压器实验

3.8.1　实验目的

①通过空载实验确定单相变压器的参数。
②通过负载实验测量变压器的运行特性。

3.8.2　原理说明

①如图 3.8.1 所示为测试变压器参数的电路,由各仪表读得变压器一次(ax 为低压侧)的 U_1,I_1,P_1 及二次(AX 为高压侧)的 U_2,并用万用表电阻挡测出一次、二次绕组的电阻 R_1 和 R_2,即可计算出变压器的各项参数。

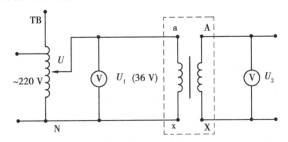

图 3.8.1　电压比测试线路

电压比:$K = \dfrac{U_2}{U_1}$

一次阻抗:$Z_1 = \dfrac{U_1}{I_1}$

二次阻抗:$Z_2 = \dfrac{U_2}{I_2}$

阻抗比:$N_Z = \dfrac{Z_1}{Z_2}$

输出功率:$P_2 = U_2 I_2 \cos \varphi_2$

原边的输入功率:$P_1 = \dfrac{P_2}{\eta}$

效率:$\eta = \dfrac{P_2}{P_1} = \dfrac{P_1 - P_{cu} - P_{Fe}}{P_1}$

一次线圈铜耗:$P_{cu1} = I_1^2 R_1$

二次线圈铜耗:$P_{cu2} = I_2^2 R_2$

铁耗:$P_{Fe} = P_O - (P_{cu1} + P_{cu2})$

P_O 为变压器 $U_O = U_{1N}$ 时的空载损耗。

②铁芯变压器是一个非线性元件,铁芯中的磁感应强度 B 决定于外加电压的有效值 U,当二次开路(即空载)时,原边的励磁电流 I_{10} 与磁场强度 H 成正比。在变压器中,二次空载时,一次电压与电流的关系称为变压器的空载特性,这与铁芯的磁化曲线(B-H 曲线)是一致的。

空载实验通常是将高压侧开路,由低压侧通电进行测量,又因空载时功率因数很低,故测量功率时应采用低功率因数瓦特表,此外,因变压器空载时阻抗很大,故电压表应接在电流表外侧。

③变压器伏安特性测试是通过改变负载电流,测试二次参数。要求在测试过程中保持 $U_1 = U_{1N} = 36$ V。

3.8.3　实验设备

交流电流表	$0 \sim 5$ A	1 块
交流电压表	$0 \sim 500$ V	1 块
功率表	$0 \sim 5$ A,$0 \sim 450$ V	1 块
单相变压器	36 V/220 V　$P = 150$ VA	1 台

3.8.4　实验内容

1)电压比测量

按如图 3.8.1 所示连接电路,调节调压器将输入电压调至额定电压 $U_1 = U_{1N} = 36$ V 及附近,分别测 3 组一次、二次电压,自拟表格记录实验数据。

2)空载实验

按如图 3.8.2 所示连接实验电路,将自耦调压器旋至零位后再合上电源,调节自耦调压器旋钮,使变压器空载电压 $U_o = 1.2U_{1N}$。然后,逐次降低电源电压使 U_o 为 $0.2 \sim 1.2U_{1N}$,测取变压器的 U_o,I_o,P_o。测取数据时,$U_o = U_{1N} = 36$ V 点必须测,共测取数据 7 组,将测量数据记入表 3.8.1 中。

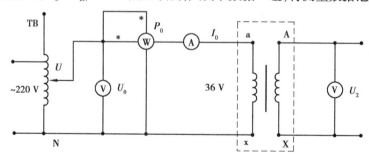

图 3.8.2　空载实验线路

表 3.8.1　空载实验数据

序　号	实验数据				计算值
1	U_o/V	I_o/A	P_o/W	U_2/V	$\cos \varphi$
2					
...					
6					
7					

3）负载实验

①按如图 3.8.3 所示连接实验电路。将调压器的输出电压调到变压器低压侧的额定电压 $U_1 = U_{1N} = 36\ V$。在保持 $U_1 = U_{1N}$ 的条件下，合上电源，逐渐改变负载电阻 R_L 的值，从空载到额定负载的范围内，测取变压器的输出电压 U_2 和电流 I_2。

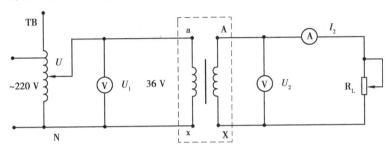

图 3.8.3　负载实验线路

②测取数据时，$I_2 = 0$ 和 $I_2 = I_{2N}$ 必测，共取数据 7 组，记录于表 3.8.2 中。

表 3.8.2　负载实验数据

序　号	U_2/V	I_2/A
1		
2		
3		
4		
5		
6		
7		

注：U_{1N} 指单相变压器一次侧 U_1 的额定电压（36 V），U_{2N} 指单相变压器二次侧 U_2 的额定电压（220 V），$I_{2N} = \dfrac{P}{U_{2N}}$。

3.8.5　实验注意事项

①本实验是将变压器作为升压变压器使用，并通过调节自耦调压器提供原边电压 U_1，故使用自耦调压器时应首先调至零位，然后才可合上电源，必须用电压表监视自耦调压器的输出电压，防止被测变压器输出过高电压而损坏实验设备，且要注意安全，以防高压触电。

②由负载实验转到空载实验时，要注意及时变更仪表量程。

③遇异常情况，应立即断开电源，待处理好故障后，再继续实验。

3.8.6　预习要求及思考题

①复习变压器的有关内容，熟悉本实验的步骤。

②为什么本实验将低压绕组作为原边进行通电实验？此时，在实验过程中应注意什么问题？

③为什么变压器的励磁参数一定是在空载实验加额定电压的情况下求出？

3.8.7 实验报告

①绘出变压器的空载特性曲线：$I_0 = f(U_0)$，$P_0 = f(U_0)$。

②绘出变压器的伏安特性曲线：$U_2 = f(I_2)$。

③计算变压器的变比 K 及 $I_2 = I_{2N}$ 时的电压变化率 $\Delta U\% = \dfrac{U_{20} - U_{2N}}{U_{20}} \times 100\%$。

④心得体会及其他。

3.9 三相交流电路的电压和电流

3.9.1 实验目的

①加深对三相电路中线电压与相电压、线电流与相电流关系的理解。

②了解星形负载情况下中性线的位移及中性线所起的作用。了解三相供电方式中三线制和四线制的特点。

③进一步提高实际操作的能力。

3.9.2 原理说明

①在三相电路中当负载作星形连接时（见图3.9.1），不论三线制或四线制，相电流恒等于线电流，在四线制情况下，中性线电流等于3个线电流的相量和，即

$$I_N = I_U + I_V + I_W \qquad (3.9.1)$$

线电压与相电压之间有下列关系

$$U_{UV} = U_{UN} - U_{VN} \qquad (3.9.2)$$

$$U_{VW} = U_{VN} - U_{WN} \qquad (3.9.3)$$

$$U_{WU} = U_{WN} - U_{UN} \qquad (3.9.4)$$

当电源和负载都对称时，线电压和相电压在数值上的关系为

$$U_{线} = \sqrt{3}\, U_{相} \qquad (3.9.5)$$

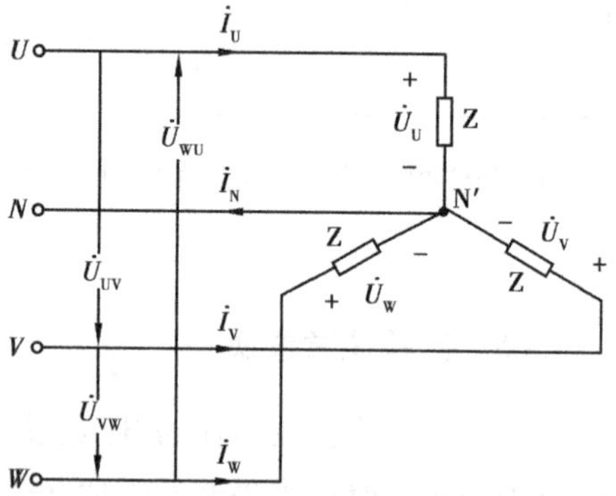

图 3.9.1 负载星形连接的三相四线制

在四线制情况下，由于电源对称，当负载对称时，中性线电流等于零；当负载为不对称时，中性线电流不等于零。

②在三线制星形连接中，若负载不对称，将出现中性线位移现象。中点位移后，各相负载电压将不对称。当有中性线（三相四线制）时，若中性线的阻抗足够小，则各相负载电压仍将对称，从而可看出中性线的作用，但这时的中性线电流将不为零。

③三相电源的相序可根据中性线位移的原理用实验方法来测定。实验所用的无中性线星形不对称负载(相序器)如图 3.9.2 所示。负载的一相是电容器,另外两相是两个完全相同的白炽灯。适当选择电容器 C 的值,可使两个灯泡的亮度有明显的差别。根据理论分析可知,灯泡较亮的一相相位超前于灯泡较暗的一相,而滞后于接电容的一相。

④在负载三角形连接中,如图 3.9.3 所示,相电压等于线电压,线电流与相电流之间有下列关系

$$I_U = I_{UV} - I_{WU} \tag{3.9.6}$$

$$I_V = I_{VW} - I_{UV} \tag{3.9.7}$$

$$I_W = I_{WU} - I_{VW} \tag{3.9.8}$$

当电源和负载都对称时,在数值上

$$I_{线} = \sqrt{3} I_{相} \tag{3.9.9}$$

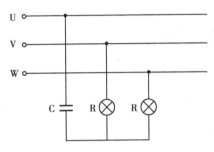

图 3.9.2 负载不对称星形连接

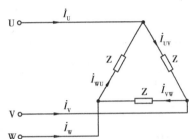

图 3.9.3 负载对称三角形连接

3.9.3 实验设备

交流电流表	0~5 A	1 块
交流电压表	0~500 V	1 块
三相灯组负载	25 W	3 组
电容器	4.7 μF/500 V	1 只

3.9.4 实验内容

1)测定相序

首先调节自耦调压器的输出,使输出的线电压为 220 V,以下所有实验均使用此电压,然后关断电源开关,按如图 3.9.2 所示接线,使其中一相为电容(4.7 μF/500 V),另两相为灯泡(25 W/220 V),组成相序器电路,测定相序。

2)三相负载作星形连接(三相四线制供电)

按如图 3.9.4 所示接线,三相负载作星形连接,有中线(三相四线制供电)。分别按三相负载对称、不对称及 U 相开路等情况,测量线电压、相电压、线电流及中线电流。将实验数据记入表 3.9.1 中。

3)三相负载作星形连接(三相三线制供电)

按如图 3.9.5 所示接线,三相负载作星形连接,无中线(三相三线制供电)。分别按三相负载对称、不对称、U 相开路和 U 相短路等情况,测量线电压、相电压、线电流及中性线电压。将数据记入表 3.9.1 中。

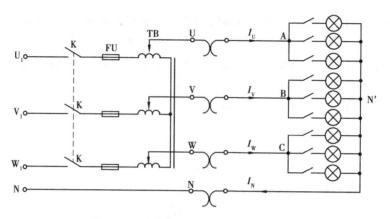

图 3.9.4　负载星形连接三相四线制电路

表 3.9.1　负载星形连接的实验数据

三相负载星形连接	各相灯数/个			负载相电压			负载相电流			中性线电流中性线电压	
	A	B	C	$U_{AN'}$	$U_{BN'}$	$U_{CN'}$	I_U	I_V	I_W	$I_{NN'}$	$U_{NN'}$
有中线情况	3	3	3								
	1	2	3								
	1	2	断开								
无中线情况	3	3	3								
	1	2	3								
	1	2	断开								
	1	2	短路								

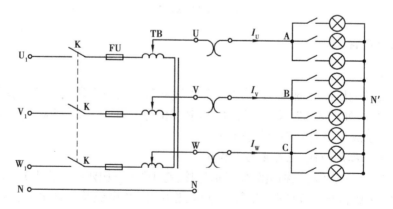

图 3.9.5　负载星形连接三相制电路

4）负载三角形连接（三相三线制供电）

按如图 3.9.6 所示接线，负载三角形连接（三相三线制供电）。分别按三相负载对称、不对称及 U 相开路等情况，保持三相线电压为 220 V，测量三相负载对称、不对称及其中一相断开时的线电流、相电流。将数据记入表 3.9.2 中。

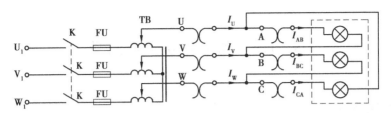

图 3.9.6　负载三角形连接电路

表 3.9.2　负载三角形连接的实验数据

各相灯数/个			线电流/A			相电流/A		
A-B	B-C	C-A	I_U	I_V	I_W	I_{AB}	I_{BC}	I_{CA}
3	3	3						
1	2	3						
断开	2	3						

3.9.5　实验注意事项

①本实验采用三相交流电源,线电压为 220 V。实验时要注意人身安全,不可触及导电部件,防止意外事故发生。

②星形连接的负载作短路实验时,必须先断开中线,以免发生短路事故。

③每次接线完毕后,应仔细检查一遍,然后由指导教师检查后,方可接通电源,必须严格遵守"先接线后通电,先断电后拆线"的实验操作原则。

3.9.6　预习要求及思考题

①根据测定三相电源相序的实验数据和现象,简述相序器的检测原理。

②三相四线制的中性线上可以安装保险丝吗? 为什么?

③三相负载根据什么条件作星形或三角形连接?

④本次实验中为什么要通过三相调压器将 380 V 的电压降为 220 V 的电压使用?

⑤在三相四线制电路中,如果将中性线与一条相线接反了,将会出现什么现象?

3.9.7　实验报告

①用实验测得的数据验证对称三相电路中的相、线电流电压之间 $\sqrt{3}$ 关系。

②用实验数据和观察到的现象,总结三相四线供电系统中中性线的作用。

③不对称三角形连接的负载,能否正常工作? 实验是否能证明这一点?

④根据不对称负载三角形连接时的相电流值作相量图,并求出线电流值,然后与实验测得的线电流作比较分析。

⑤心得体会及其他。

3.10　三相电路功率的测量

3.10.1　实验目的

①掌握用一瓦计法、二瓦计法测量三相电路有功功率的方法。
②进一步熟练掌握功率表的接线和使用方法。
③学会根据电路选择合适的测量方法。

3.10.2　实验原理

1）一瓦计法

对于三相四线制供电的三相星形连接的负载(即 Y 接法),可用一只功率表分别测量各相的有功功率 P_A, P_B, P_C, 则三相负载的总有功功率 $\sum P = P_A + P_B + P_C$ 。这就是一瓦计法,如图 3.10.1 所示。若三相负载是对称的,则只需测量一相的功率,再乘以 3 即得三相总的有功功率。

2）二瓦计法

三相三线制供电系统中,不论三相负载是否对称,也不论负载是 Y 形连接还是△形连接,都可用二瓦计法测量三相负载的总有功功率。测量线路如图 3.10.2 所示。功率表的读数分别为 P_1 和 P_2, 三相电路的总功率等于 P_1 和 P_2 的和。其中 $P_1 = U_{AC}I_A\cos\varphi_1$, $P_2 = U_{BC}I_B\cos\varphi_2$, 有 $\sum P = P_1 + P_2$。其中 φ_1 是 U_{AC} 和 I_A 的相位差,φ_2 是 U_{BC} 和 I_B 的相位差。若负载为感性或容性,且当相位差 $\varphi > 60°$ 时,线路中的一只功率表指针将反偏(数字式功率表将出现负读数),这时应将功率表电流线圈的两个端子调换(不能调换电压线圈端子),其读数应记为负值。而三相总功率 $\sum P = P_1 + P_2$(P_1, P_2 本身不含任何意义)。除图 3.10.2 中的 I_A, U_{AC} 与 I_B, U_{BC} 接法外,还有 I_B, U_{AB} 与 I_C, U_{AC} 以及 I_A, U_{AB} 与 I_C, U_{BC} 两种接法。

二瓦计法测量三相电路有功功率时,单只功率表的读数无物理意义。当负载为对称的星形连接时,由于中性线中无电流流过,因此,也可用二瓦计法测量有功功率。但是二瓦计法不适用于不对称的三相四线制电路。

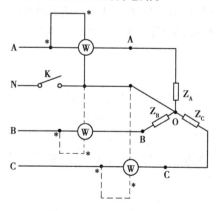

图 3.10.1　一瓦计法电路

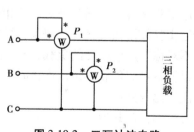

图 3.10.2　二瓦计法电路

3.10.3　实验设备

交流电压表	0~500 V	2 块
交流电流表	0~5 A	2 块
三相自耦调压器		1 台
单相功率表		3 块
万用表		1 块
三相灯组负载	220 V,15 W 白炽灯	9 只
三相电容负载	1 μF,2.2 μF,4.7 μF/ 500 V	各 3 只

3.10.4　实验内容

①用白炽灯作为负载,按图 3.10.1 连线。在三相四线制星形连接时分别用一瓦计法和二瓦计法测量负载功率,计算总功率,将实验数据记入表 3.10.1。

②将三相负载中 A 相接 4.7 μF 的电容,B 相和 C 相接两只串联的 15 W 白炽灯,按图 3.10.1 连线。中性线 N 断开时为三相三线制,闭合时为三相四线制。分别用一瓦计法和二瓦计法测量功率,比较 N 打开时与 N 闭合时的数据,计算总功率,将实验数据记入表 3.10.1。

③在三相三线制星形连接时,先将 A 相断路,B 相和 C 相接两只串联的 15 W 白炽灯。再将 A 相短路,B 相和 C 相接两只串联的 15 W 白炽灯。分别用一瓦计法和二瓦计法测量功率,计算总功率,将实验数据记入表 3.10.1。

④用白炽灯作为负载,接成三角形连接,分别用一瓦计法和二瓦计法测量负载功率,计算总功率,将实验数据记入表 3.10.1。

⑤将三相负载中 AB 相接 4.7 μF 的电容,BC 相和 CA 相接两只串联的 15 W 白炽灯,接成三角形连接,按图 3.10.2 连线。分别用一瓦计法和二瓦计法测量负载功率,计算总功率,将实验数据记入表 3.10.1。

⑥将实验内容⑤中 AB 相断路,BC 相和 CA 相接两只串联的 15 W 白炽灯,分别用一瓦计法和二瓦计法测量负载功率,计算总功率,将实验数据记入表 3.10.1。

⑦自行改变电容的容值,白炽灯串联的个数,比较测量结果。

表 3.10.1　三相功率测量实验数据记录表

负载情况	测量项目	一瓦计法				二瓦计法		
		P_A/W	P_B/W	P_C/W	$P_总$/W	P_1/W	P_2/W	$P_总$/W
星形连接	负载对称有中线							
	负载对称无中线							
	负载不对称有中线 (A 相为 4.7 μF 电容)							
	负载不对称无中线 (A 相为 4.7 μF 电容)							

续表

测量项目 / 负载情况		一瓦计法				二瓦计法		
		P_A/W	P_B/W	P_C/W	$P_总$/W	P_1/W	P_2/W	$P_总$/W
星形连接	负载不对称无中线（A 相断路）							
	负载不对称无中线（A 相短路）							
三角形连接	负载对称							
	负载不对称（AB 相为 4.7 μF 电容）							
	负载不对称（A 相断路）							

注:本实验的电源电压为 380 V 和 220 V,远高于安全电压,实验中不可触及带电金属体,谨防触电,且必须断开电源方可接线、换线、拆线。

3.10.5 预习要求及思考题

①二瓦计法测量三相电路有功功率时,有功功率表中的读数为负值,为什么?
②测量功率时为什么在线路中通常都接有电流表和电压表?
③为什么有的实验需将三相电压调到 380 V,而有的实验要调到 220 V?

3.10.6 实验报告

①完成数据表格中的各项测量和计算任务。比较一瓦计法和二瓦计法的测量结果。
②总结、分析三相电路功率测量的方法与结果。
③将测量所得数据进行比较,分析误差原因。

3.11 三相异步电动机 Y—△ 降压启动控制

3.11.1 实验目的

①学会三相异步电动机 Y—△ 自动降压启动控制的接线和操作方法。
②理解三相异步电动机 Y—△ 降压启动控制的概念、原理、运行情况和操作方法。
③了解时间继电器的结构、使用方法、延时时间的调整及在控制系统中的应用。

3.11.2 实验原理

1)Y—△转换启动的作用

三相异步电动机的 Y—△ 转换启动方式是大容量电动机启动常用的降压启动措施,但它只能应用于△形连接的三相异步电动机。在启动过程中,利用绕组的 Y 形连接即可降低电动机的绕组电压及减少绕组电流,达到降低启动电流和减少电机启动过程对电网电压的影响。待电动机启动过程结束后再使绕组恢复到△形连接,使电动机正常运行。

2)时间继电器控制三相异步电动机 Y—△降压自动换接启动的控制线路

按时间原则控制电路的特点是各个动作之间有一定的时间间隔,使用的元件主要是时间继电器。时间继电器是一种延时动作的继电器,它从接收信号(如线圈带电)到执行动作(如触点动作)具有一定的时间间隔。此时间间隔可按需要预先整定,以协调和控制生产机械的各种动作。时间继电器的种类通常有电磁式、电动式、空气式和电子式等。其基本功能可分为两类,即通电延时式和断电延时式,有的还带有瞬时动作式的触头。时间继电器的延时时间通常可在 0.4~80 s 范围内调节。时间继电器控制三相异步电动机 Y—△降压自动换接启动的控制线路如图 3.11.1 所示。

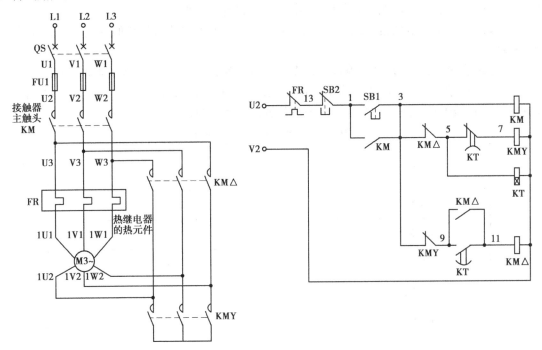

图 3.11.1 三相异步电动机 Y—△自动降压启动控制线路

如图 3.11.1 所示为时间继电器自动控制 Y—△降压电路。先合上开关 QS,按下启动按钮 SB1,KM 线圈得电,KM 主触头闭合,为三相异步电动机 M 启动作准备。当 KM 线圈得电时,KMY 得电,KMY 的主触头闭合,M 作星形降压启动。时间继电器 KT 得电,KT(5-7)延时分断,使线圈 KMY 失电,这时主触头分断,M 短时失电。线圈 KMY 失电时,KMY(3-9)触电恢复闭合;当 KT(5-7)延时分断时,KT(9-11)延时闭合,线圈 KM△得电,主触头闭合,电动机作三角形运行,这时 KM△(3-5)分断,线圈 KT 失电,KM△(3-5)对 KMY 互锁,KM△(9-11)闭合自锁。

3.11.3 实验设备

三相交流电源	220 V	1 台
三相鼠笼式异步电动机	DJ24	1 台

交流接触器	JZC4-40	1块
时间继电器	ST3PA-B	1块
按钮		1只
热继电器	D9305d	1块
数字万用表		1块
切换开关	三刀双掷	1只

3.11.4 实验内容

1）时间继电器控制三相异步电动机 Y—△ 自动降压启动线路

①如果在专用电机系统教学实验台上进行实验,实验设备均可在配套的挂件上找到。使用时,先熟悉实验台各面板的布置及使用方法,了解注意事项;如果没有专用实验台,则应根据实验电机的型号规则选择配套元器件,在实验板上自行安装控制线路。

②按图 3.11.1 所示线路接线,注意选择主电路和控制电路连接导线的颜色,方便出现故障时查找线路。

③电路连接完成后,先自行检查确认无误后,再请指导老师检查后才能通电实验。自检分为两步:第一步是观察检查,看接线是否正确;第二步是测量检查,用万用表测量线路关键点位的电阻值,看是否有短路或开路故障。测量数据记入表 3.11.1。

表 3.11.1　线路电阻测量记录表

测量点 \ 测量条件	松开 SB1	按下 SB1
U1-V1		
U1-W1		
V1-W1		
U2-V2		
U2-W2		
V2-W2		

④接入 220 V 三相交流电源,合上开关 QS,按下 SB1,观察电动机的运行情况以及触发器、时间继电器的工作情况。

⑤按下 SB1,观察电动机启动过程。如有条件,用转速表观察电动机转速变化情况,用电流表观察电动机启动电流的变化。

⑥调节时间继电器 KT 的延迟时间,观察接触器的转换及电动机的运行情况。

⑦完成上述实验后,将时间继电器 KT 线圈连接线断开,观察线路工作及电动机运行情况。

2）手动控制 Y—△ 降压启动控制电路

按如图 3.11.2 所示接线并认真检查线路。

①开关 Q2 合向上方,使电动机为 △ 接法。

②接通 220 V 三相交流电源,观察电动机在 △ 接法直接启动时,电流表最大读数 $I_{\triangle启动} =$ _____ A。

③切断三相交流电源,待电动机停稳后,开关 Q2 合向下方,使电动机为 Y 接法。

④接通 220 V 三相交流电源,观察电动机在 Y 接法直接启动时,电流表最大读数 $I_{Y启动} =$ _____ A。

⑤切断三相交流电源,待电动机停稳后,操作开关 Q2,使电动机作 Y—△ 降压启动。

a.先将 Q2 合向下方,使电动机 Y 接,接通 220 V 三相交流电源,记录电流表最大读数,$I_{Y启动} =$ _____ A。

b.待电动机接近正常运转时,将 Q2 合向上方△ 运行位置,使电动机正常运行。

⑥实验完毕后,切断实验线路电源。

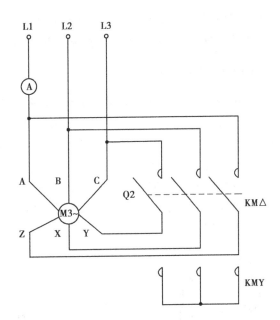

图 3.11.2　手动控制 Y—△ 降压启动控制电路

3.11.5　预习要求及思考题

①采用 Y—△ 降压启动对鼠笼式电动机有何要求。

②如果要用一只断电延时式时间继电器来设计异步电动机的 Y—△ 降压启动控制线路,试问 3 个接触器的动作次序应作如何改动,控制回路又应如何设计?

③降压启动的自动控制线路与手动控制线路相比较,有哪些优点?

3.11.6　实验报告

①分析三相电动机的控制线路图,叙述基本控制工作过程。

②简述常开、常闭触点的概念。

③实验中是否出现不正常情况? 你是如何纠正的?

④心得体会及其他。

3.12　三相异步电动机正反转及继电接触控制电路

3.12.1　实验目的

①学习异步电动机继电接触正/反转控制电路的连接及操作方法,掌握三相异步电动机正反转的控制电路工作原理。

②加深对电气控制系统各种保护、自锁、互锁等环节的理解。掌握接触器(电气互锁)和

按钮连锁(机械互锁)在电气控制电路中的作用。

③学会分析、排除继电-接触控制线路故障的方法。

3.12.2　实验原理

三相异步电动机的旋转方向取决于磁场的旋转方向,而磁场的旋转方向又取决于电源的相序,因此电源的相序决定了电动机的旋转方向。任意改变电源的相序时,电动机的旋转方向也会随之改变。本实验给出两种不同的正、反转控制线路,接触器互锁(电气互锁)的正反转控制线路如图 3.12.1 所示,接触器和按钮双重联锁的正反转控制线路如图 3.12.2 所示。

1)接触器互锁(电气互锁)的正反转控制线路

接触器互锁(电气互锁)的正反转控制线路如图 3.12.1 所示。

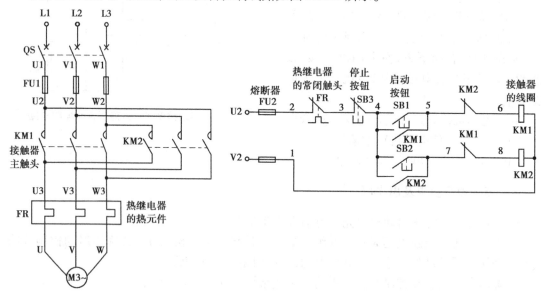

图 3.12.1　三相异步电动机接触器互锁(电气互锁)的正反转控制线路

线路采用两个继电器,即正转用的接触器 KM1 和反转用的接触器 KM2,它们分别由正转按钮 SB1 和反转按钮 SB2 控制。由主电路可知,接触器 KM1 和 KM2 的主触头所接通的电源相序不同,KM1 按 L1—L2—L3 相序接线,KM2 则按 L3—L2—L1 相序接线。相对应的控制电路有两条:一条是由按钮 SB1 和 KM1 线圈等组成的正转控制电路;另一条是由按钮 SB2 和 KM2 线圈等组成的反转控制电路。

(1)正转控制

合上电源开关 QS,按正转启动按钮 SB1,接通正转控制电路。在正转控制电路中,接触器 KM1 线圈通电动作,串联在电动机回路的 KM1 的主触点持续闭合,主电路按 U1,V1,W1 相序接通,电动机正转。

(2)反转控制

要使电动机反向,应先按下停止按钮 SB3,接触器 KM1 线圈断电,与 SB1 并联的 KM1 的辅助触点断开,以保证 KM1 线圈持续失电,串联在电动机回路的 KM1 的主触点持续断开,切断电动机定子电源,电动机停转,然后才能使电动机反转。电动机停转后,再按反转按钮 SB2,

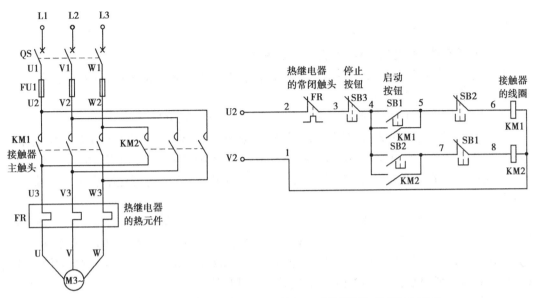

图 3.12.2　三相异步电动机接触器和按钮双重联锁的正反转控制线路

接通反转控制电路。反转控制电路中,反接接触器 KM2 线圈通电,与 SB2 并联的 KM2 的辅助常开触点闭合,保证线圈持续通电,串联在电动机回路的 KM2 的主触点持续闭合,主电路按 W1,V1,U1 相序接通,电动机连续反转。

(3)特点

为了避免接触器 KM1(正转)、KM2(反转)同时得电吸合造成三相电源短路,在 KM1 (KM2)线圈支路中串接有 KM1(KM2)动断触头,它们保证了线路工作时 KM1,KM2 不会同时得电,以达到电气互锁目的。接触器互锁(电气互锁)的正反转控制线路优点是工作安全可靠,缺点是操作不便。若电动机处于正转状态要反转时必须先按停止按钮,才能按反转启动按钮。否则由于接触器的连锁作用,不能实现反转。

2)接触器和按钮双重联锁的正反转控制线路

除电气互锁外,可再采用复合按钮 SB1 与 SB2 组成的机械互锁环节,以求线路工作更加可靠。如图 3.12.2 所示,该控制线路集中了按钮连锁和接触器连锁的优点。

3.12.3　实验设备

三相交流电源	220 V	1 台
三相鼠笼式异步电动机		1 台
交流接触器		1 块
按钮		1 块
热继电器		1 块
交流电压表	0~500 V	1 块
数字万用表		1 只

3.12.4　实验内容

1）接触器互锁（电气互锁）的正反转控制线路

①接线前应将电路原理图与各电器实物对上号，搞清楚各电器的电压、电流额定值，常开、常闭触点和线圈位置等。

②动手接线时，有两个基本要领，即"先控后主"和"先串后并"。

"先控后主"的意思是先接控制电路，再接主电路（主电路的导线应根据负载额定电流值，选择适当线径的导线，注意选择主电路和控制电路连接导线的颜色，以便出现故障时查找线路）。

"先串后并"的意思是控制电路常由若干并联支路构成，连线时可先串联主干支路，再并接分支支路。

以图3.12.1为例，控制电路分为两条主干支路：其一，U1→保险丝→FR（常闭）→SB1（常闭）→SB2（常开）→KM2（常闭）→KM1（线圈）→V1；其二，U1→保险丝→FR（常闭）→SB1（常闭）→SB3（常开）→KM1（常闭）→KM2（线圈）→V1。接线时，先将两个串联回路连接好，再并接上两个自锁的常开触点，即可完成控制电路的全部接线。

③接线完成后，应根据电路原理图，仔细核对。检查无误后，可用万用表欧姆挡再次进行检查（注意：此时切记不可接通电源开关QS），检查方法如下：

把万用表置欧姆挡，两表笔并接于控制电路接电源的两个端点上，如接线正确，万用表读数应符合：未按所有按钮时，读数无限大；按下启动按钮时，读数应等于接触线圈的直流电阻值，为几十欧；同时按下启动与停止按钮，读数应无限大。如不符合上述规律，说明接线有误或器件、导线有故障。

④接入220 V三相交流电源，合上开关QS，单独对控制电路通电检查，观察各器件工作是否正常，工作程序是否满足设计要求，数据记入表3.12.1。

表3.12.1　控制回路的状态测试记录表

按钮动作	接触器状态		
	KM1	KM2	是否正常
按下 SB1			
按下 SB2			
按下 SB3			

注：接触器状态按"吸合""释放"来填写。

⑤当测试控制回路正常后，按图3.12.1所示把主电路也连接好，并和控制回路一起通电检查，观察各器件是否连接正常，控制过程是否满足控制要求，记入表3.12.2。

表3.12.2　整体电路的状态测试记录表

按钮动作	各器件状态			
	KM1	KM2	电动机	是否正常
按下 SB1				
按下 SB2				
按下 SB3				

注：电动机状态按"正转""反转""停止"来填写。

⑥按正向启动按钮 SB2,观察并记录电动机的转向和接触器的运行情况。

⑦按反向启动按钮 SB3,观察并记录电动机和接触器的运行情况。

⑧按停止按钮 SB1,观察并记录电动机的转向和接触器的运行情况。

⑨按 SB3,观察并记录电动机的转向和接触器的运行情况。

⑩实验完毕,切断三相交流电源。

2)接触器和按钮双重联锁的正反转控制线路

按图 3.12.2 所示接线,经指导教师检查后,方可进行通电操作。

①接入 220 V 三相交流电源,合上开关 QS。

②按正向启动按钮 SB1,电动机正向启动,观察电动机的转向及接触器的动作情况。按停止按钮 SB3,使电动机停转。

③按反向启动按钮 SB2,电动机反向启动,观察电动机的转向及接触器的动作情况。按停止按钮 SB3,使电动机停转。

④按正向(或反向)启动按钮,电动机启动后,再去按反向(或正向)启动按钮,观察有何情况发生。

⑤电动机停稳后,同时按正、反向两只启动按钮,观察有何情况发生。理解"互锁"的含义,记入表 3.12.3。

表 3.12.3　互锁实验记录表

按钮动作	电动机运行状态	
	运行	不运行
SB1,SB2 同时按下		

⑥在断开开关 QS 后,拆除并联在 SB1(或 SB2)按钮上的自锁常开触点,再合上开关 QS,进行正转(反转)运行,观察电动机的工作情况,理解"自锁"的含义,记入表 3.12.4。

表 3.12.4　自锁实验记录表

按钮动作	电动机运行状态	
	运行	不运行
按下 SB1(不松手)		
松开 SB1		

⑦失压与欠压保护

a.按启动按钮 SB1(或 SB2)电动机启动后,断开实验线路三相电源,模拟电动机失压(或零压)状态,观察电动机与接触器的动作情况,随后,再接通三相电源,但不按 SB1(或 SB2),观察电动机能否自行启动。

b.重新启动电动机后,逐渐减小三相自耦调压器的输出电压,直至接触器释放,观察电动机是否自行停转。

⑧过载保护。打开热继电器的后盖,当电动机启动后,人为地拨动双金属片模拟电动机过载情况,观察电机、电器动作情况。注意:此项内容,较难操作且危险,有条件可由指导教师作

示范操作。

⑨实验完毕,切断实验线路电源。

3.12.5 预习要求及思考题

①在电动机正、反转控制线路中,为什么必须保证两个接触器不能同时工作? 采用哪些措施可解决此问题,这些方法有何利弊,最佳方案是什么?

②在控制线路中,短路、过载、失压、欠压保护等功能是如何实现的? 在实际运行过程中,这几种保护有何意义?

3.12.6 实验报告

①根据实验操作结果,说明电动机正/反转控制电路中"自锁""互锁"环节所起的作用。

②简要说明熔断器、热继电器、交流接触器对电动机所起的保护作用。

③实验中是否出现不正常情况? 你是如何纠正的?

④心得体会及其他。

第 **4** 章
模拟电子技术基础实验

4.1 常用电子仪器的使用

4.1.1 实验目的

①学习并掌握常用电子仪器的正确使用方法。
②掌握用示波器观察波形和读取波形参数的方法。

4.1.2 实验原理

在模拟电子电路中,经常使用的电子仪器有示波器、信号发生器、直流稳压电源、交流毫伏表、频率计等。它们和万用表一样,可以完成对模拟电子电路的静态和动态工作情况的测试。

实验中要对各种电子仪器进行综合使用,可按照信号流向,以连线简洁,调节顺手,观察与读数方便等原则进行合理布局,各仪器与被测实验装置之间的布局与连线如图 4.1.1 所示。接线时应注意,为防止外界干扰,各仪器的接地端应连接在一起,称为共地。信号源和交流毫伏表的引线通常用屏蔽线或电缆线,示波器接线使用专用电缆线,直流电源的接线用普通导线。

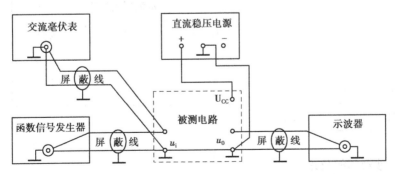

图 4.1.1 模拟电子电路中常用电子仪器布局图

为了防止过载而损坏,测量前一般把量程开关置于量程最大位置上,然后在测量中逐挡减小量程。

4.1.3 实验设备

双踪示波器	1台
信号发生器	1台
交流毫伏表	1块
数字万用表	1块
模拟电路实验箱	1只

4.1.4 实验内容

1)示波器自检

一般来说,示波器在使用前都应进行自检。方法是将其 $f = 1\ kHz \pm 1\%$,$U = 3V_{pp} \pm 1\%$ 的校准方波,接到 CH1 通道的输入端,观测其波形,并将读取的数值记入表 4.1.1 中。

表 4.1.1　示波器的自检数据

测量内容 ＼ 测算值	标准值	实测值	计算相对误差
电压峰峰值	3 V		
频率数值	1 kHz		
上升时间	≤4 μs		
下降时间	≤4 μs		

2)信号发生器、示波器、交流毫伏表的使用

调节信号发生器有关旋钮,输出不同参数的正弦信号,并用示波器、交流毫伏表测量其参数,记入表 4.1.2 中。

表 4.1.2　实验记录表

信号发生器输出频率	信号发生器输出幅度（峰—峰值）	示波器测量值			
		峰—峰值	有效值	周期	频率
100 Hz	1 V				
5 kHz	2 V				
10 kHz	3 V				

3)测量两波形间相位差

按图 4.1.2 所示连接实验电路,从信号发生器输出幅度为 2 V,频率为 1 kHz 的正弦波 u_i,经 RC 移相网络获得频率相同但相位不同的两路信号 u_i 和 u_R,分别加到示波器的 CH1 和 CH2

输入端。将两波形的实测数据记入表4.1.3 中。

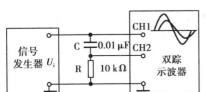

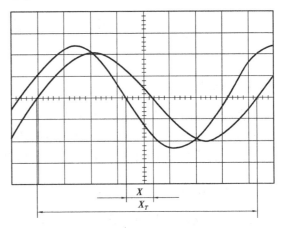

图 4.1.2　两波形间相位差测量电路　　　图 4.1.3　双踪示波器显示两相位不同的正弦波

表 4.1.3　两个波形的数据记录表

X_T/ms	X/ms	相位差 θ	
		实测值	计算值

根据两波形在水平方向差距 X 及信号周期 X_T,则可求得两波形相位差。

$$\theta_{测量值} = \frac{X}{X_T} \times 360° \tag{4.1.1}$$

式中　X_T——信号周期;

　　　X——两个被测信号的相位差。

4.1.5　预习要求及思考题

①阅读有关电子仪器的内容。

②已知 $C = 0.01\ \mu F$、$R = 10\ k\Omega$、$f = 1\ kHz$,计算图 4.1.3 所示中 RC 移相网络的阻抗角 θ。

③如果示波器的荧光屏上显示的信号波形的幅度太大或太小,调节什么旋钮使幅度适中?

④如果示波器的荧光屏上显示的信号波形不稳定,应调节哪些旋钮改善?

4.1.6　实验报告

①整理实验数据,并对实验数据和实验中出现的问题进行分析、讨论。

②信号发生器有哪几种输出波形? 它的输出端能否短接?

③交流毫伏表用来测量正弦波电压还是非正弦波电压? 它的表头指示值是被测信号的什么数值? 是否可以用来测量直流电压的大小?

④使用示波器测量直流电压和交流电压,在操作方法上有什么不同?

4.2 单管放大电路

4.2.1 实验目的

①学会放大器静态工作点的调整和测试方法。
②观察并测量静态工作点变化对放大电路的电压放大倍数、波形失真的影响。
③掌握放大器电压放大倍数、输入电阻、输出电阻及幅频特性曲线的测试方法。

4.2.2 实验原理

如图 4.2.1 所示为电阻分压式工作点稳定单管放大器实验电路图,它的偏置电路采用 R_{B1} 和 R_{B2} 组成的分压电路,并在发射极中接有电阻 R_E 以稳定放大器的静态工作点,当在放大器的输入端加入输入信号 u_i 后在放大器的输出端便可得到一个与 u_i 相位相反,幅值被放大了的输出信号 u_o,从而实现了电压放大。

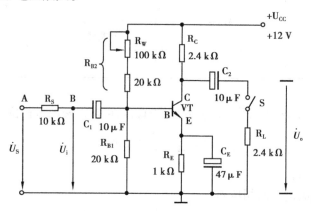

图 4.2.1 共射极单管放大器实验电路

在图 4.2.1 所示电路中,当流过偏置电阻 R_{B1} 和 R_{B2} 的电流远大于晶体管的基极电流 I_B 时(一般为 5~10 倍),则它的静态工作点可用下式估算

$$U_B \approx \frac{R_{B1}}{R_{B1} + R_{B2}} U_{CC} \tag{4.2.1}$$

$$I_E \approx \frac{U_B - U_{BE}}{R_E} \approx I_C \tag{4.2.2}$$

$$U_{CE} = U_{CC} - I_C(R_C + R_E) \tag{4.2.3}$$

电压放大倍数
$$A_u = -\beta \frac{R_C // R_L}{r_{be}} \tag{4.2.4}$$

输入电阻 $\qquad R_i = R_{B1} // R_{B2} // r_{be} \tag{4.2.5}$

输出电阻 $\qquad R_O \approx R_C \tag{4.2.6}$

由于电子器件性能的分散性比较大,因此在设计和制作晶体管放大电路时,离不开测量和

调试技术。在设计前应测量所用元器件的参数,为电路设计提供必要的依据,在完成设计和装配以后,还必须测量和调试放大器的静态工作点和各项性能指标。一个优质放大器,必定是理论设计与实验调整相结合的产物。因此,除了学习放大器的理论知识和设计方法外,还必须掌握必要的测量和调试技术。

放大器的测量和调试一般包括:放大器静态工作点的测量与调试,消除干扰与自激振荡及放大器各项动态参数的测量与调试等。

1)放大器静态工作点的调整与测试

(1)静态工作点的测量

测量放大器的静态工作点,应在输入信号 $u_i = 0$ 的情况下进行,即将放大器输入端与地端短接,然后选用量程合适的直流毫安表和直流电压表,分别测量晶体管的集电极电流 I_C 以及各电极对地的电位 U_B, U_C 和 U_E。一般实验中,为了避免断开集电极,采用测量电压 U_E 或 U_C,然后算出 I_C 的方法。例如,只要测出 U_E,即可用 $I_C \approx I_E = \dfrac{U_E}{R_E}$ 算出 I_C,也可根据 $I_C = \dfrac{U_{CC} - U_C}{R_C}$,由 U_C 确定 I_C。同时也能算出 $U_{BE} = U_B - U_E$,$U_{CE} = U_C - U_E$。

为了减小误差,提高测量精度,应选用内阻较高的直流电压表。

(2)静态工作点的调试

放大器静态工作点的调试是指对管子集电极电流 I_C(或 U_{CE})的调整与测试。静态工作点是否合适,对放大器的性能和输出波形都有很大影响。如工作点偏高,放大器在加入交流信号以后易产生饱和失真,此时 u_o 的负半周将被削底,如图 4.2.2(a)所示;如果工作点偏低,则易产生截止失真,即 u_o 的正半周被缩顶(一般截止失真不如饱和失真明显),如图 4.2.2(b)所示。这些情况都不符合不失真放大的要求。因此,在选定工作点以后还必须进行动态调试,即在放大器的输入端加入一定的输入电压 u_i,检查输出电压 u_o 的大小和波形是否满足要求。如不满足,则应调节静态工作点的位置。

改变电路参数 $U_{CC}, R_C, R_B(R_{B1}, R_{B2})$ 都会引起静态工作点的变化,如图 4.2.3 所示。但通常多采用调节偏置电阻 R_{B2} 的方法来改变静态工作点。

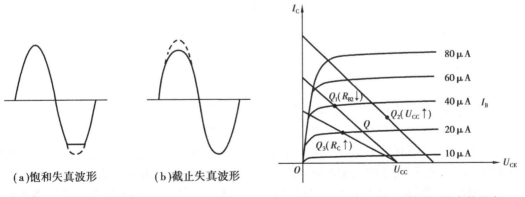

(a)饱和失真波形　　(b)截止失真波形

图 4.2.2　静态工作点对 u_o 波形失真的影响　　**图 4.2.3　电路参数对静态工作点的影响**

最后还要说明的是,上面所说的工作点"偏高"或"偏低"不是绝对的,应该是相对信号的幅度而言,如输入信号幅度很小,即使工作点较高或较低也不一定会出现失真。所以确切地说,产生波形失真是信号幅度与静态工作点设置配合不当所致。如需满足较大信号幅度的要求,静态工作点最好尽量靠近交流负载线的中点。

2)放大器动态指标的测试

放大器动态指标包括电压放大倍数、输入电阻、输出电阻、最大不失真输出电压(动态范围)和通频带等。

(1)电压放大倍数 A_u 的测量

调整放大器到合适的静态工作点,然后加入输入电压 u_i,在输出电压 u_o 不失真的情况下,用交流毫伏表测出 u_i 和 u_o 的有效值 U_i 和 U_o,则

$$A_u = \frac{U_O}{U_i} \tag{4.2.7}$$

(2)输入电阻 R_i 的测量

为了测量放大器的输入电阻,按图 4.2.4 所示电路在被测放大器的输入端与信号源之间串入一已知电阻 R,在放大器正常工作的情况下,用交流毫伏表测出 U_S 和 U_i,则根据输入电阻的定义可得

$$R_i = \frac{U_i}{I_i} = \frac{U_i}{\dfrac{U_R}{R}} = \frac{U_i}{U_S - U_i} R \tag{4.2.8}$$

测量时应注意下列几点:

①由于电阻 R 两端没有电路公共接地点,因此测量 R 两端电压 U_R 时必须分别测出 U_S 和 U_i,然后按 $U_R = U_S - U_i$ 求出 U_R 值。

②电阻 R 的值不宜取得过大或小,以免产生较大的测量误差,通常取 R 与 R_i 为同一数量级为好,本实验可取 $R = 1 \sim 2 \text{ k}\Omega$。

(3)输出电阻 R_o 的测量

如图 4.2.4 所示电路,在放大器正常工作条件下,测出输出端不接负载 R_L 的输出电压 U_o 和接入负载后的输出电压 U_L,根据

$$U_L = \frac{R_L}{R_O + R_L} U_O \tag{4.2.9}$$

即可求出

$$R_O = \left(\frac{U_O}{U_L} - 1 \right) R_L \tag{4.2.10}$$

在测试中应注意,必须保持 R_L 接入前后输入信号的大小不变。

(4)最大不失真输出电压 U_{OPP} 的测量(最大动态范围)

如上所述,为了得到最大动态范围。应将静态工作点调在交流负载线的中点。为此在放大器正常工作情况下,逐步增大输入信号的幅度,并同时调节 R_w(改变静态工作点)用示波器观察 u_o,当输出波形同时出现削底和缩顶现象(见图 4.2.5)时,说明静态工作点已经调节在交流负载线的中点。然后反复调整输入信号,使波形输出幅度最大,且无明显失真时,用示波器测出 U_{opp} 即为动态范围。

放大器电压放大倍数、输入电阻、输出电阻和通频带的测试方法见本书前面章节。

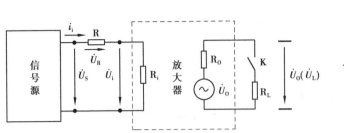

图 4.2.4 输入、输出电阻测量电路 　　图 4.2.5 输入信号太大
引起的失真

4.2.3 实验设备

双踪示波器	1台
信号发生器	1台
数字万用表	1块
模拟电路实验箱	1只

4.2.4 实验内容

按图 4.2.1 所示连接实验电路,各电子仪器可按实验 4.1 中图 4.1.1 所示方式连接,为防止干扰,各仪器的公共端必须连在一起。

1)调试静态工作点

采用动态调试法调整静态工作点,然后置 $u_i = 0$,测量晶体管各电极对地电位 U_B, U_E, U_C, I_C 和 R_{B2} 值记入表 4.2.1。注意:调好静态工作点以后, R_W 不得任意调整。

表 4.2.1　静态工作点实验记录表

测量值					计算值		
U_B/V	U_E/V	U_C/V	R_{B2}/kΩ	I_C/mA	U_{BE}/V	U_{CE}/V	I_C/mA

2)测量电压放大倍数

在 u_i 端加上 $f = 1$ kHz 正弦信号,调节输入信号幅度,用示波器同时观察 u_i, u_o 波形,在输出波形不失真的条件下测出 u_i, u_o 的值记入表 4.2.2,并观察 u_i, u_o 的相位关系,绘出 u_i, u_o 波形。

表 4.2.2　基本放大电路实验记录表

R_C/kΩ	R_L/kΩ	u_i/V	u_o/V	A_u	输出波形
2.4	∞				
2.4	2.4				
1.2	2.4				

3）测量最大不失真输出电压

设置 $R_L = 2.4 \text{ k}\Omega$，测出最大不失真输出电压 U_{OPPMAX}。

4）测量输入电阻和输出电阻

设置 $R_L = 2.4 \text{ k}\Omega$，在 U_s 端输入 $f = 1 \text{ kHz}$ 正弦信号，输出电压在不失真的情况下，测出 U_s，U_i 和 U_L；保持 U_s 不变，断开 R_L，测量输出电压 U_o，记入表4.2.3。

表4.2.3　输入电阻和输出电阻测量记录表

U_s/mV	U_i/mV	$R_i/\text{k}\Omega$		U_o/V	U_L/V	$R_o/\text{k}\Omega$	
		测量值	理论值			测量值	理论值

5）测量幅频特性曲线

保持输入信号的幅度不变，改变信号源频率，用三点法测绘电路的幅频特性曲线，记入表4.2.4。

表4.2.4　幅频特性实验记录表　　　　　　　$U_i = 100 \text{ mV}$

	f_L	f_o	f_H
f/kHz			
U_o/V			
$A_u = U_o/U_i$			

4.2.5　预习要求及思考题

①阅读有关单管放大电路的内容。

②阅读有关放大器干扰和自激振荡消除的内容。

③能否用万用表直接测量晶体管的 U_{BE}？为什么实验中要采用测 U_B，U_E，再间接算出 U_{BE} 的方法？

④怎样测量 R_{B2} 的阻值？

⑤当调节偏置电阻 R_{B2}，使放大器输出波形出现饱和失真或截止失真时，晶体管的管压降 U_{CE} 怎样变化？

⑥改变静态工作点对放大器的输入电阻 R_i 有否影响？改变外接电阻 R_L 对输出电阻 R_o 有否影响？

⑦在测试 A_u，R_i 和 R_o 时怎样选择输入信号的大小和频率？为什么信号频率一般选 1 kHz，而不选 100 kHz 或更高？

⑧测试中，如果将信号发生器、交流毫伏表、示波器中任一仪器的两个测试端子接线换位（即各仪器的接地端不再连在一起），将会出现什么问题？

4.2.6　实验报告

①列表整理实验结果,并把实测的静态工作点、电压放大倍数、输入电阻、输出电阻之值与理论计算值比较,分析产生误差的原因。

②总结 R_C,R_L 及静态工作点对放大器电压放大倍数、输入电阻、输出电阻的影响。

③讨论静态工作点变化对放大器输出波形的影响。

④分析讨论在调试过程中出现的问题。

4.3　差分放大器

4.3.1　实验目的

①加深对差分放大器性能及特点的理解。

②掌握差分放大器主要性能指标的测试方法。

4.3.2　实验原理

如图 4.3.1 所示是差分放大器的基本结构,它由两个组件参数相同的基本共射极放大电路组成。当开关 K 拨向左边时,构成典型的差分放大器。调零电位器 R_P 用来调节 T_1,T_2 三极管的静态工作点,使得输入信号 $u_i = 0$ 时,双端输出电压 $u_o = 0$。R_E 为两管共用的发射极电阻,它对差模信号无反馈作用,因此不影响差模电压放大倍数,但对共模信号有较强的反馈作用,故可有效地抑制零漂,稳定静态工作点。

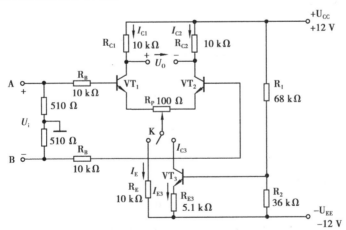

图 4.3.1　差分放大器实验电路

当开关 K 拨向右边时,构成具有恒流源的差分放大器。它用晶体管恒流源代替发射极电阻 R_E,可以进一步提高差分放大器抑制共模信号的能力。

差模输入是指在差分放大器的两个输入端加数值相等、极性相反的两个信号;共模输入是指在差分放大器的两个输入端加数值相等、极性相同的两个信号。

1）静态工作点的估算

典型电路
$$I_E \approx \frac{|U_{EE}| - U_{BE}}{R_E} \qquad (4.3.1)$$

$$I_{C1} = I_{C2} = \frac{1}{2} I_E \qquad (4.3.2)$$

恒流源电路
$$I_{C3} \approx I_{E3} \approx \frac{\dfrac{R_2}{R_1 + R_2}(U_{CC} + |U_{EE}|) - U_{BE}}{R_{E3}} \qquad (4.3.3)$$

$$I_{C1} = I_{C2} = \frac{1}{2} I_{C3} \qquad (4.3.4)$$

2）输入输出信号的连接方式

单端输入：在一个输入端与地之间加有输入信号，另一个输入端接地。

双端输入：在两个输入端与地之间都加输入信号。

单端输出：在 T1 或 T2 管集电极与地之间输出。

双端输出：在 T1 和 T2 管集电极之间输出。

差分放大器共有 4 种输入输出信号的连接方式：单端输入—单端输出、单端输入—双端输出、双端输入—单端输出、双端输入—双端输出。

3）差模电压放大倍数和共模电压放大倍数

（1）差模电压放大倍数

当差分放大器的射极电阻 R_E 足够大，或采用恒流源电路时，差分电压放大倍数 A_d 由输出端方式决定，而与输入方式无关。

单端输出
$$A_{d1} = \frac{u_{c1}}{u_i} = \frac{-\beta R_C}{2(R_B + r_{be})} \qquad (4.3.5)$$

$$A_{d2} = \frac{u_{c2}}{u_i} = \frac{\beta R_C}{2(R_B + r_{be})} \qquad (4.3.6)$$

双端输出
$$A_d = \frac{u_o}{u_i} = -\frac{\beta R_C}{R_B + r_{be} + \dfrac{1}{2}(1+\beta)R_P} \qquad (4.3.7)$$

（2）共模电压放大倍数

单端输出
$$A_{c1} = A_{c2} = \frac{u_{c1}}{u_i} = \frac{u_{c2}}{u_i} = \frac{-\beta R_C}{R_B + r_{be} + (1+\beta)\left(\dfrac{1}{2}R_p + 2R_E\right)} \approx -\frac{R_C}{2R_E} \qquad (4.3.8)$$

双端输出
$$A_c = \frac{u_o}{u_i} = \frac{u_{c1} - u_{c2}}{u_i} = 0 \qquad (4.3.9)$$

由于差分放大器的差模电压放大倍数很大，共模放大倍数很小，因此，可以认为放大器只放大输入信号中的差模分量。

4）共模抑制比

差分放大器的共模抑制比为差模电压放大倍数与共模放大倍数之比。对于如图4.3.1所示电路

单端输出
$$K_{CMRR} = \left| \frac{A_{d1}}{A_{c1}} \right| = \left| \frac{A_{d2}}{A_{c2}} \right| \approx \frac{\beta R_E}{R_B + r_{be}} \tag{4.3.10}$$

双端输出
$$K_{CMRR} = \left| \frac{A_d}{A_c} \right| = \infty \tag{4.3.11}$$

工程上共模抑制比一般采用分贝（dB）表示，即 $CMRR = 20 \, \mathrm{Lg} \left| \frac{A_d}{A_c} \right|$。

4.3.3　实验设备

双踪示波器	1台
信号发生器	1台
模拟电路实验箱	1只
数字万用表	1块

4.3.4　实验内容

1）开关K拨向左边，测试典型差分放大器的性能

（1）调整、测量静态工作点

将放大器输入端A，B与地短接，接通±12 V直流电源，用万用表测量输出电压 u_o，调节调零电位器 R_p，使 $u_o = 0$。调节要仔细，力求准确。用万用表测量三极管各电极电位及射极电阻两端电压，记入表4.3.1。

表4.3.1　静态工作点记录表

	U_{C1}/V	U_{B1}/V	U_{E1}/V	U_{C2}/V	U_{B2}/V	U_{E2}/V	U_{RE}/V
测量值							
计算值	\multicolumn{7}{c}{$I_{C1} = I_{C2} = \dfrac{U_{CC} - U_C}{R_C} / mA$}

（2）测量差模电压放大倍数

在输入端加双端输入方式差模信号，在输出波形无失真的情况下，用示波器测 U_i，U_{c1}，U_{c2}，并比较 U_i 和 U_{c1}，U_i 和 U_{c2} 之间的相位关系，记入表4.3.2中。

（3）测量共模电压放大倍数

在输入端加共模信号，在输出电压无失真的情况下，用示波器测量 U_i，U_{c1}，U_{c2} 之值，并比较 U_i 和 U_{c1}，U_i 和 U_{c2} 之间的相位关系，记入表4.3.2中。

表 4.3.2　差分放大器动态性能记录表

	典型差分放大器		恒流源差分放大器	
	差模双端输入	共模输入	差模双端输入	共模输入
U_i				
U_{c1}/V				
U_{c2}/V				
U_o				
A_{d1}		/		/
A_{d2}		/		/
A_d		/		/
A_{c1}	/		/	
A_{c2}	/		/	
A_c	/		/	
K_{CMRR}				

2）具有恒流源的差动放大电路性能测试

将如图 4.3.1 所示电路中开关 K 拨向右边,构成具有恒流源的差分放大电路。重复上述内容的要求,记入表 4.3.2 中。

4.3.5　预习要求及思考题

①根据实验电路参数,估算典型差分放大器和具有恒流源的差分放大器的静态工作点及差模电压放大倍数(取 $\beta_1 = \beta_2 = 100$)。

②测量静态工作点时,放大器输入端 A,B 与地应如何连接?

③实验中如何获得双端输入信号? 如何获得共模信号? 画出 A,B 端与信号源之间的连线图。

④如何进行静态调零? 用什么仪表测 U_o?

⑤如何用示波器(或交流毫伏表)测双端输出电压 U_o?

4.3.6　实验报告

①整理实验数据,计算静态工作点和差模电压放大倍数、共模放大倍数。

②自拟表格比较实验结果和理论估算值,分析误差原因。

③比较典型差放大器 K_{CMRR} 实测值与具有恒流源的差分放大器 K_{CMRR} 实测值。

④比较差模输入和共模输入方式下 u_i 和 u_{c1},u_{c2} 之间的相位关系。

4.4　集成运算放大器指标测试

4.4.1　实验目的

①掌握运算放大器主要指标的测试方法。

②通过对运算放大器 μA741 指标的测试,了解集成运算放大器组件的主要参数的定义和表示方法。

4.4.2　实验原理

集成运算放大器是一种线性集成电路,和其他半导体器件一样,它是用一些性能指标来衡量其质量的优劣。为了正确使用集成运算放大器,必须了解它的主要参数指标。集成运算放大器组件的各项指标通常是由专用仪器进行测试的,这里介绍的是一种简易测试方法。

本实验采用的集成运算放大器型号为 μA741(或 F007),引脚排列如图 4.4.1 所示,它是八脚双列直插式组件,2 脚和 3 脚为反相和同相输入端,6 脚为输出端,7 脚和 4 脚为正、负电源端,1 脚和 5 脚为失调调零端,1 脚和 5 脚之间可接入一只几十千欧的电位器并将滑动触头接到负电源端,8 脚为空脚。

1)μA741 主要指标测试

理想运放组件,当输入信号为零时,其输出也为零。但是即使是最优质的集成组件,由于运放内部差分输入级参数的不完全对称,输出电压往往不为零。这种零输入时输出不为零的现象称为集成运放的失调。

输入失调电压 U_{os} 是指输入信号为零时,输出端的电压折算到同相输入端的数值。

（1）输入失调电压 U_{os}

失调电压测试电路如图 4.4.2 所示。闭合开关 K_1 及 K_2,使电阻 R_B 短接,测量此时的输出电压 U_{01} 即为输出失调电压,则输入失调电压

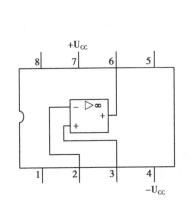

图 4.4.1　μA741 管脚图

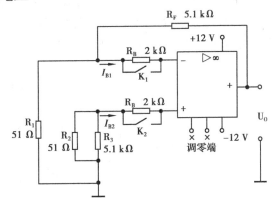

图 4.4.2　U_{os},I_{OS} 测试电路

$$U_{os} = \frac{R_1}{R_1 + R_F} U_{O1} \tag{4.4.1}$$

实际测出的 U_{o1} 可能为正,也可能为负,一般为 $1 \sim 5$ mV,对于高质量的运放 U_{os} 在 1 mV 以下。

测试中应注意:①将运放调零端开路;②要求电阻 R_1 和 R_2,R_3 和 R_F 的参数严格对称。

(2)输入失调电流 I_{OS}

输入失调电流 I_{OS} 是指当输入信号为零时,运放的两个输入端的基极偏置电流之差。

$$I_{OS} = |I_{B1} - I_{B2}| \tag{4.4.2}$$

输入失调电流的大小反映了运放内部差分输入级两个晶体管 β 的失配度,由于 I_{B1},I_{B2} 本身的数值已很小(微安级),因此它们的差值通常不是直接测量的,测试电路如图 4.4.2 所示,测试分两步进行。

①闭合开关 K_1 及 K_2,在低输入电阻下,测出输出电压 U_{o1},如前所述,这是由输入失调电压 U_{os} 所引起的输出电压。

②断开 K_1 及 K_2,两个输入电阻 R_B 接入,由于 R_B 阻值较大,流经它们的输入电流的差异,将变成输入电压的差异。因此也会影响输出电压的大小,可见测出两个电阻 R_B 接入时的输出电压 U_{o2},若从中扣除输入失调电压 U_{OS} 的影响,则输入失调电流 I_{OS} 为

$$I_{OS} = |I_{B1} - I_{B2}| = |U_{o2} - U_{o1}| \frac{R_1}{R_1 + R_F} \frac{1}{R_B} \tag{4.4.3}$$

一般 I_{OS} 为几十纳安至几百纳安(10^{-9}A),高质量运放 I_{OS} 低于 1 nA。

测试中应注意:①将运放调零端开路;②两输入端电阻 R_B 必须精确配对。

(3)开环差模放大倍数 A_{ud}

集成运放在没有外部反馈时的直流差模放大倍数称为开环差模电压放大倍数,用 A_{ud} 表示。它定义为开环输出电压 U_o 与两个差分输入端之间所加信号电压 U_{id} 之比

$$A_{ud} = \frac{U_o}{U_{id}} \tag{4.4.4}$$

按定义 A_{ud} 应是信号频率为零时的直流放大倍数,但为了测试方便,通常采用低频(几十赫兹以下)正弦交流信号进行测量。由于集成运放的开环电压放大倍数很高,难以直接进行测量,一般采用闭环测量方法。A_{ud} 的测试方法很多,现采用交、直流同时闭环的测试方法,如图 4.4.3 所示。

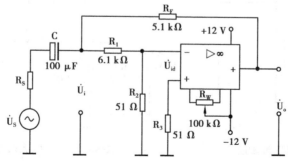

图 4.4.3 A_{ud} 测试电路

被测运放一方面通过 R_F,R_1,R_2 完成直流闭环,以抑制输出电压漂移,另外,通过 R_F 和 R_S 实现交流闭环,外加信号 U_s 经 R_1,R_2 分压,使 U_{id} 足够小,以保证运放工作在线性区,同相输入端电阻 R_3 应与反相输入端电阻 R_2 相匹配,以减小输入偏置电流的影响,电容 C 为隔直电容。被测运放的开环电压放大倍数为

$$A_{ud} = \frac{U_o}{U_{id}} = \left(1 + \frac{R_1}{R_2}\right)\frac{U_o}{U_i} \tag{4.4.5}$$

通常低增益运放 A_{ud} 为 60 ~ 70 dB,中增益运放约为 80 dB,高增益在 100 dB 以上,可达 120 ~ 140 dB。

测试中应注意:①测试前电路应首先消振及调零;②被测运放要工作在线性区;③输入信号频率应较低,一般用 50 ~ 100 Hz ,输出信号幅度应较小,且无明显失真。

(4) 共模抑制比 K_{CMRR}

集成运放的差模电压放大倍数 A_d 与共模电压放大倍数 A_c 之比称为共模抑制比

$$K_{CMRR} = \left|\frac{A_d}{A_c}\right| \text{ 或 } K_{CMRR} = 20 \lg\left|\frac{A_d}{A_c}\right| \tag{4.4.6}$$

共模抑制比在应用中是一个很重要的参数,理想运放对输入的共模信号其输出为零,但在实际的集成运放中,其输出不可能没有共模信号的成分,输出端共模信号越小,说明电路对称性越好,也就是说运放对共模干扰信号的抑制能力越强,即 K_{CMRR} 越大。K_{CMRR} 的测试电路如图 4.4.4 所示。集成运放工作在闭环状态下的差模电压放大倍数为

$$A_d = \frac{R_F}{R_1} \tag{4.4.7}$$

当接入共模输入信号 U_{ic} 时,测得 U_{oc},则共模电压放大倍数为

$$A_c = \frac{U_{oc}}{U_{ic}} \tag{4.4.8}$$

共模抑制比为

$$K_{CMRR} = \left|\frac{A_d}{A_c}\right| = \frac{R_F}{R_1}\frac{U_{ic}}{U_{oc}} \tag{4.4.9}$$

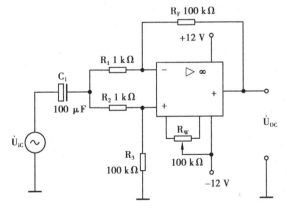

图 4.4.4　CMRR 测试电路

测试中应注意:①消振与调零;②R_1 与 R_2,R_3 与 R_F 之间阻值严格对称;③输入信号 U_{ic} 幅度必须小于集成运放的最大共模输入电压范围 U_{icm}。

(5)共模输入电压范围 U_{icm}

集成运放所能承受的最大共模电压称为共模输入电压范围,超出这个范围,运放的 K_{CMRR} 会大大下降,输出波形产生失真,有些运放还会出现"自锁"现象以及永久性的损坏。

U_{icm} 的测试电路如图 4.4.5 所示。被测运放接成电压跟随器形式,输出端接示波器,观察最大不失真输出波形,从而确定 U_{icm} 值。

(6)输出电压最大动态范围 U_{opp}

集成运放的动态范围与电源电压、外接负载及信号源频率有关。测试电路如图 4.4.6 所示。

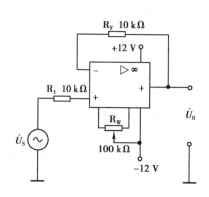

图 4.4.5　U_{icm}测试电路

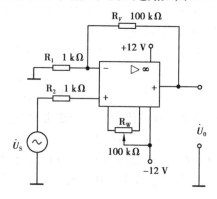

图 4.4.6　U_{opp}测试电路

改变 U_s 幅度,观察 U_o 削顶失真开始时刻,从而确定 U_o 的不失真范围,这就是运放在某一定电源电压下可能输出的电压峰峰值 U_{opp}。

2)集成运放在使用时应考虑的一些问题

①输入信号选用交、直流量均可,但在选取信号的频率和幅度时,应考虑运放的频响特性和输出幅度的限制。

②调零。为提高运算精度,在运算前,应首先对直流输出电位进行调零,即保证输入为零时,输出也为零。当运放有外接调零端子时,可按组件要求接入调零电位器 R_w。调零时,将输入端接地,调零端接入电位器 R_w。用直流电压表测量输出电压 U_o,细心调节 R_w,使 U_o 为零(即失调电压为零)。如运放没有调零端子,若要调零,可按图 4.4.7 所示电路进行调零。

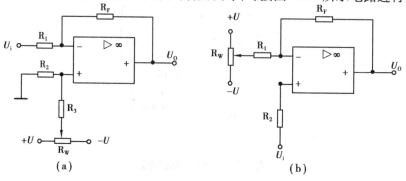

(a)　　　　　　　　　　　　　(b)

图 4.4.7　调零电路

一个运放如不能调零,大致有如下原因:

a.组件正常,接线有错误;

b.组件正常,但负反馈不够强(R_F/R_1太大),为此可将R_F短路,观察是否能调零;

c.组件正常,但由于它所允许的共模输入电压太低,可能出现自锁现象,可将电源断开后再重新接通,观察是否能够恢复正常;

d.组件正常,但电路有自激现象,应进行消振;

e.组件内部损坏,应更换好的集成块。

③消振。一个集成运放自激时,表现为即使输入信号为零,也会有输出,使各种运算功能无法实现,严重时还会损坏器件。在实验中,可用示波器监视输出波形。为消除运放的自激,常采用以下措施:

a.若运放有相位补偿端子,可利用外接RC补偿电路,产品手册中有补偿电路及元件参数提供。

b.电路布线、元器件布局应尽量减少分布电容。

c.在正、负电源进线与地之间接上几十微法的电解电容和$0.01\sim0.1~\mu F$的陶瓷电容相并联以减小电源引线的影响。

4.4.3　实验设备

双踪示波器	1台
信号发生器	1台
模拟电路实验箱	1只
数字万用表	1块
集成运算放大器　　　　　　　　　　μA741	1只

4.4.4　实验内容

实验前注意运放管脚排列、电源电压极性及数值,切忌正、负电源接反。

1)**测量输入失调电压U_{os}**

按图4.4.2所示连接实验电路,闭合开关K_1,K_2,用直流电压表测量输出端电压U_{o1},并计算U_{os}。记入表4.4.1。

2)**测量输入失调电流I_{OS}**

实验电路如图4.4.2所示,打开开关K_1,K_2,用直流电压表测量U_{o2},并计算I_{OS},记入表4.4.1。

表4.4.1　实验数据记录表

U_{os}/mV		I_{OS}/nA		A_{ud}/dB		K_{CMRR}/dB	
实测值	典型值	实测值	典型值	实测值	典型值	实测值	典型值
	2~10		50~100		100~106		80~86

3)**测量开环差模电压放大倍数A_{ud}**

按图4.4.3所示连接实验电路,运放输入端输入频率100 Hz,幅值为30~50 mV正弦信号,用示波器观察输出波形。用交流毫伏表测量 U_o 和 U_i,并计算 A_{ud}。记入表4.4.1。

4)**测量共模抑制比 K_{CMRR}**

按图4.4.4所示连接实验电路,运放输入端输入频率100 Hz,幅值为 1~2 V 正弦信号,观察输出波形。测量 U_{os} 和 U_{ic},计算 A_c 及 K_{CMRR},记入表4.4.1。

5)**测量共模输入电压范围 U_{icm} 及输出电压最大动态范围 U_{opp}**

按图4.4.5连接实验电路,运放输入端输入频率100 Hz正弦信号,逐渐增大输入信号幅值,观察最大不失真输出波形,从而确定 U_{icm},自拟实验数据记录表。

按图4.4.6连接实验电路,运放输入端输入频率100 Hz正弦信号,改变 U_S 幅度,观察 U_o 削顶失真开始时刻,从而确定 U_o 的不失真范围,此即为运放在一定电源电压下可能输出的电压峰峰值 U_{OPP},自拟实验数据记录表。

4.4.5　预习要求及思考题

①查阅 μA741,LM324 典型指标数据及管脚功能。

②熟悉实验步骤和实验内容,画好实验数据记录表。

③测量输入失调参数时,为什么运放反相及同相输入端的电阻要精选以保证严格对称?

④测量输入失调参数时,为什么要将运放调零端开路,而在进行其他测试时,则要求对输出电压进行调零?

⑤测试信号的频率选取的原则是什么?

4.4.6　实验报告

①将所测得的数据与典型值进行比较。

②对实验结果及实验中碰到的问题进行分析、讨论。

4.5　集成运算放大器的基本应用 I——运算放大电路

4.5.1　实验目的

①研究由集成运算放大器组成的比例、加法、减法和积分等基本运算电路的功能。

②了解运算放大器在实际应用时应考虑的一些问题。

4.5.2　实验原理

集成运算放大器是一种具有高电压放大倍数的直接耦合多级放大电路。当外部接入不同的线性或非线性元器件组成输入和负反馈电路时,可以灵活地实现各种特定的函数关系。在线性应用方面,可以组成比例、加法、减法、积分、微分、对数等模拟运算电路。

1)**理想运算放大器特性**

在大多数情况下,将运放视为理想运放,就是将运放的各项技术指标理想化,满足下列条件的运算放大器称为理想运放。

开环电压增益　　　$A_{ud} = \infty$

输入阻抗　　　　　$r_i = \infty$

输出阻抗　　　　　$r_o = 0$

带宽　　　　　　　$f_{BW} = \infty$

失调与漂移均为零。

理想运放在线性应用时有两个重要特性。

①输出电压 U_o 与输入电压 U_i 之间满足关系式

$$u_o = A_{ud}(u_+ - u_-) \tag{4.5.1}$$

由于 $A_{ud} = \infty$，而 u_o 为有限值，因此，$u_+ - u_- \approx 0$。即 $u_+ \approx u_-$，称为"虚短"。

②由于 $R_i = \infty$，故流进运放两个输入端的电流可视为零，即 $I_{IB} = 0$，称为"虚断"。这说明运放对其前级吸取电流极小。

上述两个特性是分析理想运放应用电路的基本原则，可简化运放电路的计算。

2）基本运算电路

（1）反相比例运算电路

电路如图 4.5.1 所示。对于理想运放，该电路的输出电压与输入电压之间的关系为

$$u_o = -\frac{R_F}{R_1}u_i \tag{4.5.2}$$

为了减小输入级偏置电流引起的运算误差，在同相输入端应接入平衡电阻 $R_2 = R_1 \parallel R_F$。

（2）反相加法运算电路

电路如图 4.5.2 所示，输出电压与输入电压之间的关系为

$$u_o = -\left(\frac{R_F}{R_1}u_{i1} + \frac{R_F}{R_2}u_{i2}\right) \qquad R_3 = R_1 \parallel R_2 \parallel R_F \tag{4.5.3}$$

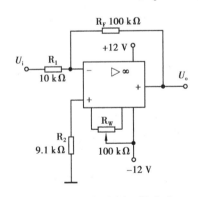

图 4.5.1　反相比例运算电路

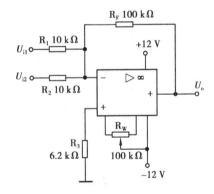

图 4.5.2　反相加法运算电路

（3）同相比例运算电路

如图 4.5.3（a）所示是同相比例运算电路，它的输出电压与输入电压之间的关系为

$$u_o = \left(1 + \frac{R_F}{R_1}\right)u_i \qquad R_2 = R_1 // R_F \tag{4.5.4}$$

当 $R_1 \to \infty$ 时，$u_o = u_i$，即得到如图 4.5.3（b）所示的电压跟随器。图中 $R_2 = R_F$，用以减小漂移和起保护作用。一般 R_F 取 10 kΩ。R_F 太小起不到保护作用，太大则影响跟随性。

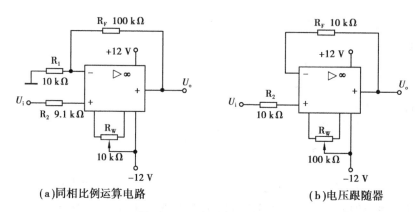

（a）同相比例运算电路　　　　　　　（b）电压跟随器

图 4.5.3　同相比例运算电路

（4）差分放大电路（减法器）

对于如图 4.5.4 所示的减法运算电路，当 $R_1 = R_2, R_3 = R_F$ 时，有以下关系式

$$u_o = \frac{R_F}{R_1}(u_{i2} - u_{i1}) \tag{4.5.5}$$

（5）积分运算电路

积分运算电路如图 4.5.5 所示。在理想条件下，输出电压 u_o 为

$$u_o(t) = -\frac{1}{R_1 C}\int_0^t u_i \mathrm{d}t + u_c(0) \tag{4.5.6}$$

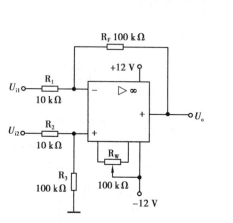

图 4.5.4　减法运算电路

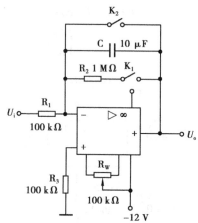

图 4.5.5　积分运算电路

式中，$u_c(0)$ 是 $t=0$ 时刻电容两端的电压值，即初始值。

如果 $u_i(t)$ 是幅值为 E 的阶跃电压，并设 $u_c(0) = 0$，则

$$u_o(t) = -\frac{1}{R_1 C}\int_0^t E\mathrm{d}t = -\frac{E}{R_1 C}t \tag{4.5.7}$$

输出电压 $u_o(t)$ 随时间增长而线性下降。显然 RC 的数值越大，达到给定的 u_o 值所需的时间就越长。积分输出电压所能达到的最大值受集成运放最大输出电压范围的限制。

在进行积分运算之前，首先应对运放调零。为了便于调节，将图 4.5.5 中 K_1 闭合，即通过

电阻 R_2 的负反馈作用实现调零。在完成调零之后,应将 K_1 打开,以免因 R_2 的接入造成积分误差。K_2 的设置一方面为积分电容放电提供通路,可实现积分电容初试电压 $u_c(0)=0$;另外,控制积分起点,即在加入信号 u_i 后,只要 K_2 一打开,电容将被恒流充电,电路也开始进行积分运算。

4.5.3　实验设备

双踪示波器	1 台
信号发生器	1 台
模拟电路实验箱	1 只
数字万用表	1 块
集成运算放大器　　　　　　　　μA741	1 只

4.5.4　实验内容

实验前要看清运放组件各管脚的位置,切忌正、负电源极性接反和输出端短路,否则将会损坏集成块。

1)反相比例运算电路

①按图 4.5.1 所示连接实验电路,接通 ±12 V 电源,输入端对地短路,进行调零和消振。

②输入 $f=100$ Hz,$U_i=0.5$ V 的正弦交流信号,测量相应的 U_o,并用示波器观察 U_i 和 U_o 的波形和相位关系,记入表 4.5.1。

表 4.5.1　反相比例运算电路记录表　　　　　　　　$U_i=0.5$ V,$f=1$ kHz

	电压值/V	波　形	A_v	
			实测值	计算值
U_i				
U_o				

2)同相比例运算电路

①按图 4.5.3(a)所示连接实验电路,实验步骤同内容 1,将结果记入表 4.5.2。

表 4.5.2　同相比例运算电路记录表　　　　　　　　$U_i=0.5$ V,$f=1$ kHz

	电压值/V	波　形	A_v	
			实测值	计算值
U_i				
U_o				

②如图 4.5.3(b)所示实验步骤同内容 1,将结果记入表 4.5.3。

表 4.5.3 电压跟随器实验记录表　　　　$U_i = 0.5$ V, $f = 1$ kHz

	电压值/V	波　形	A_v	
			实测值	计算值
U_i				
U_o				

3）反相加法运算电路

①按图 4.5.2 所示连接实验电路，进行调零和消振。

②输入信号采用直流信号，如图 4.5.6 所示电路为简易直流信号源，由实验者自行完成。实验时要注意选择合适的直流信号幅度以确保集成运放工作在线性区。用直流电压表测量输入电压 U_{i1}，U_{i2} 及输出电压 U_o，记入表4.5.4。

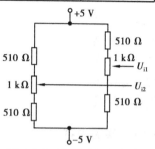

图 4.5.6　简易可调直流信号源

表 4.5.4　反相加法运算电路记录表

U_{i1}/V					
U_{i2}/V					
U_o/V					

4）减法运算电路

①按图 4.5.4 所示连接实验电路，进行调零和消振。

②采用直流输入信号，实验步骤同内容 3，记入表 4.5.5。

表 4.5.5　减法运算电路记录表

U_{i1}/V					
U_{i2}/V					
U_o/V					

5）积分运算电路

实验电路如图 4.5.5 所示。

①打开 K_2，闭合 K_1，对运放输出进行调零。

②调零完成后，再打开 K_1，闭合 K_2，使 $u_c(0) = 0$。

③预先调好直流输入电压 $U_i = 0.5$ V，接入实验电路，再打开 K_2，然后用数字万用表测量输出电压 U_o，每隔 5 s 读一次 U_o，记入表 4.5.6，直到 U_o 不继续增大为止。

表 4.5.6　积分运算电路记录表

t/s	0	5	10	15	20	25	30	…
U_o/V								

4.5.5 预习要求及思考题

①复习集成运放线性应用部分的内容,根据要求设计并计算各元件参数。

②在反相加法器中,如 U_{i1} 和 U_{i2} 均采用直流信号,并选定 $U_{i2} = -1$ V,当考虑到运算放大器的最大输出幅度(± 12 V)时,计算 U_{i1} 大小的范围是多少?

③在积分电路中,如 $R = 100$ kΩ,$C = 4.7$ μF,求时间常数 τ。假设 $U_i = 0.5$ V,问要使输出电压 U_o 达到 5 V,需多长时间(设 $u_c(0) = 0$)?

④为了不损坏集成块,实验中应注意什么问题?

4.5.6 实验报告

①整理实验数据,画出波形图(注意波形间的相位关系)。

②将理论计算结果和实测数据相比较,分析产生误差的原因。

③分析讨论实验中出现的现象和问题。

4.6 集成运算放大器的基本应用 II——有源滤波器

4.6.1 实验目的

①掌握由运算放大器组成的 RC 有源滤波器的工作原理、电路结构和基本性能。

②学会运用理论知识计算满足一定设计要求的元件参数。

③掌握有源滤波器基本参数、幅频特性的测量方法。

4.6.2 实验原理

有源滤波器实际上是一种具有特定频率响应的放大器。它是在运算放大器的基础上增加一些 R,C 等无源元件而构成的。与无源滤波器相比,具有体积小、重量轻、质量高、成本低等优点,被广泛应用于通信、测量及控制系统等领域。根据工作信号的频率范围,有源滤波器通常分为低通滤波器(LPF)、高通滤波器(HPF)、带通滤波器(BPF)和带阻滤波器(BEF)4 种类型。它们的幅频特性曲线如图 4.6.1 所示。

具有理想幅频特性的滤波器是很难实现的,只能用实际的幅频特性去逼近理想的情况。图 4.6.1 中每个特性曲线均分为通带和阻带两部分,在通带和阻带之间都有过渡带,过渡带越窄,过渡带幅频特性曲线衰减斜率的值越大,则电路的选择性越好,滤波特性越理想。

1)低通滤波器(LPF)

低通滤波器是用来通过低频信号,衰减或抑制高频信号的。如图 4.6.2(a)所示为典型的二阶有源低通滤波器电路图。它由两级 RC 滤波环节与同相比例运放组成,其中第一级电容 C 接至输出端,引入适量的正反馈,以改善幅频特性。如图 4.6.2(b)所示为二阶低通滤波器的幅频特性曲线。

电路性能参数如下:

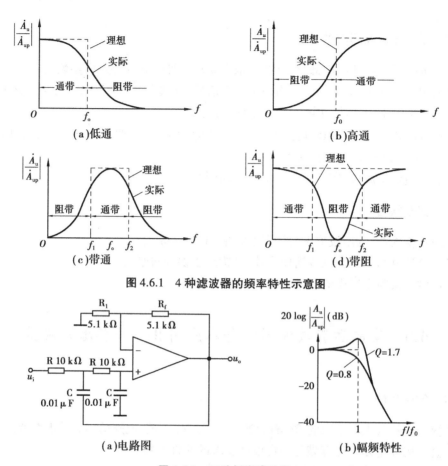

图 4.6.1　4 种滤波器的频率特性示意图

图 4.6.2　二阶低通滤波器

①二阶低通滤波器的通带增益：$A_{up} = 1 + \dfrac{R_f}{R_1}$

②截止频率：$f_0 = \dfrac{1}{2\pi RC}$，它是二阶低通滤波器通带与阻带的界限频率。

③品质因数：$Q = \dfrac{1}{3 - A_{up}}$，它的大小影响低通滤波器在截止频率处幅频特性的形状。

2)高通滤波器(HPF)

高通滤波器是用来通过高频信号，衰减或抑制低频信号的。只要将如图 4.6.2(a)所示低通滤波器中起滤波作用的电阻、电容互换，即可变成二阶高通滤波器，如图 4.6.3(a)所示。高通滤波器与低通滤波器相反，其频率响应和低通滤波器是"镜像"关系，仿照 LPF 分析方法，不难求得 HPF 的幅频特性。如图 4.6.3(b)为二阶高通滤波器的幅频特性曲线，可见它与二阶低通滤波器的幅频特性曲线有"镜像"关系。

电路性能参数如下：

①二阶高通滤波器的通带增益：$A_{up} = 1 + \dfrac{R_f}{R_1}$。

②截止频率：$f_0 = \dfrac{1}{2\pi RC}$，它是二阶高通滤波器通带与阻带的界限频率。

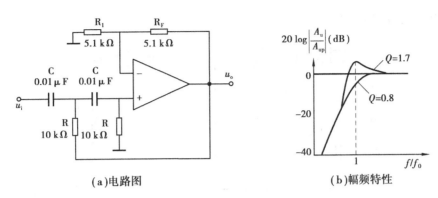

（a）电路图　　　　　　（b）幅频特性

图 4.6.3　二阶高通滤波器

③品质因数：$Q=\dfrac{1}{3-A_{up}}$，它的大小影响高通滤波器在截止频率处幅频特性的形状。

3）带通滤波器（BPF）

带通滤波器的作用是只允许某一个通频带范围内的信号通过,比通频带下限频率低的和比上限频率高的信号均加以衰减和抑制。典型带通滤波器可以从二阶低通滤波器中将其中一级改成高通而成。如图 4.6.4(a)所示。

电路性能参数如下：

①二阶带通滤波器的通带增益：
$$A_{up}=\frac{R_4+R_f}{R_4 R_1 CB}$$

②中心频率：
$$f_0=\frac{1}{2\pi}\sqrt{\frac{1}{R_2 C^2}\left(\frac{1}{R_1}+\frac{1}{R_3}\right)}$$

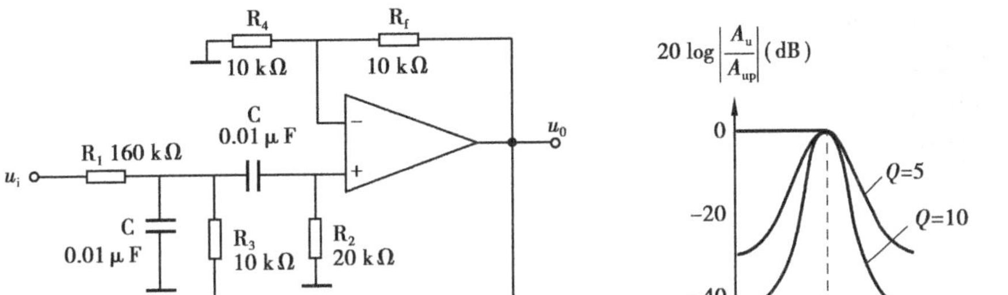

（a）电路图　　　　　　（b）幅频特性

图 4.6.4　二阶带通滤波器

③通带宽度：
$$B=\frac{1}{C}\left(\frac{1}{R_1}+\frac{2}{R_2}-\frac{R_f}{R_3 R_4}\right)$$

④品质因数：
$$Q=\frac{\omega_0}{B}$$

此电路的特点是改变 R_4 和 R_f 的比例就可以改变频率而不影响中心频率。

4）带阻滤波器（BEF）

带阻滤波器和带通滤波器相反,即在规定的频带内,信号不能通过(或受很大衰减或抑制),而在频带外,信号则顺利通过。如图 4.6.5 所示,在双 T 网络后加一级同相比例运算就构成了基本的二阶有源带阻滤波器。

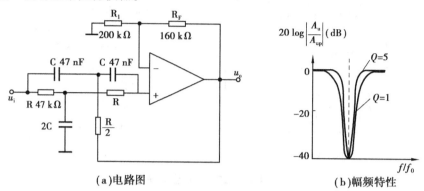

(a)电路图　　　　　　　　　(b)幅频特性

图 4.6.5　二阶带阻滤波器

电路性能参数如下：

①二阶带阻滤波器的通带增益：　　$A_{up}=1+\dfrac{R_f}{R_1}$

②中心频率：　　　　　　　　　　$f_0=\dfrac{1}{2\pi RC}$

③阻带宽度：　　　　　　　　　　$B=2(2-A_{up})f_0$

④品质因数：　　　　　　　　　　$Q=\dfrac{1}{2(2-A_{up})}$

4.6.3　实验设备

函数信号发生器	1 台
双踪示波器	1 台
数字万用表	1 块
模拟电路实验箱	1 只
电阻	若干
电容	若干

4.6.4　实验内容

1)二阶低通滤波器

①实验电路如图 4.6.2 所示,在模拟电路实验箱上搭建电路。

②依照电路参数,理论计算出通带增益 A_{up}、截止频率 f_0、品质因数 Q,记入表 4.6.1。

表 4.6.1　二阶低通滤波器实验数据记录表

	通带增益 A_{up}	截止频率 f_0/kHz	品质因数 Q
理论计算			
实验结果			

③粗测:接通±12 V电源,输入端接入峰峰值为 2 V 的正弦信号,在滤波器截止频率 f_0 附

近改变输入信号频率,用示波器观察输出电压的变化是否具备低通特性,如不具备,应排除电路故障。

④保持输入端信号幅度不变,令输入信号频率为滤波器截止频率 f_0,用示波器观察输入、输出电压的幅度,计算通带增益 A_{up} 和品质因数 Q,记录数据到表 4.6.1 中。

⑤保持输入端信号幅度不变,逐点改变输入信号频率,测量输出电压,记入表 4.6.2 中。

表 4.6.2　二阶低通滤波器实验记录表

f_{ui}/kHz	0.1	0.2	0.5	1	1.1	1.2	1.3	1.4	1.5
U_{opp}/V									
f_{ui}/kHz	f_0	1.7	1.8	1.9	2	3	4	5	6
U_{opp}/V									

⑥根据实验数据,描绘幅频特性曲线。

2)二阶高通滤波器

①实验电路如图 4.6.3 所示,在模拟电路实验箱上搭建电路。

②依照电路参数,计算出通带增益 A_{up}、截止频率 f_0、品质因数 Q 的理论值,记入表 4.6.3。

表 4.6.3　二阶高通滤波器实验数据记录表

	通带增益 A_{up}	截止频率 f_0	品质因数 Q
理论计算			
实验结果			

③粗测:接通 ±12 V 电源,输入端接入峰峰值为 2 V 的正弦信号,在滤波器截止频率 f_0 附近改变输入信号频率,用示波器观察输出电压的变化是否具备高通特性,如不具备,应排除电路故障。

④保持输入端信号幅度不变,令输入信号频率为滤波器截止频率 f_0,用示波器观察输入、输出电压的幅度,计算通带增益 A_{up} 和品质因数 Q,记录数据到表 4.6.3 中。

⑤保持输入端信号幅度不变,逐点改变输入信号频率,测量输出电压,记录数据到表 4.6.4 中。

表 4.6.4　二阶高通滤波器实验记录表

f_{ui}/kHz	0.2	0.5	1.0	1.1	1.2	1.4	f_0	1.8	2
U_{opp}/V									
f_{ui}/kHz	2.2	2.4	2.6	2.8	3	4	5	200	300
U_{opp}/V									

⑥根据实验数据,描绘幅频特性曲线。

3)二阶带通滤波器

①实验电路如图4.6.4所示,在模拟电路实验箱上搭建电路。

②依照电路参数,计算出通带增益 A_{up}、中心频率 f_0、通带宽度 B、品质因数 Q 的理论值,详见表4.6.5。

表 4.6.5　二阶带通滤波器实验数据记录表

	通带增益 A_{up}	中心频率 f_0	通带宽度 B	品质因数 Q
理论计算				
实验结果				

③粗测:接通±12 V电源,输入端接入峰峰值为2 V的正弦信号,在滤波器中心频率 f_0 附近改变输入信号频率,用示波器观察输出电压的变化是否具备带通特性,如不具备,应排除电路故障。

④保持输入端信号幅度不变,令输入信号频率为滤波器中心频率 f_0,用示波器观察输入、输出电压的幅度,计算通带增益 A_{up} 和品质因数 Q,记录数据到表4.6.5中。

⑤保持输入端信号幅度不变,逐点改变输入信号频率,测量输出电压,记录数据到表4.6.6中。

表 4.6.6　二阶带通滤波器实验记录表

f_{ui}/kHz	1.0	1.1	1.16	1.17	1.18	1.19	1.20	1.21	1.22
U_{opp}/V									
f_{ui}/kHz	1.23	1.24	1.25	1.26	1.27	1.28	1.3	1.4	1.5
U_{opp}/V									

⑥根据实验数据,描绘幅频特性曲线。

4)二阶带阻滤波器

①实验电路如图4.6.5所示,在模拟电路实验箱上搭建电路。

②依照电路参数,计算出通带增益 A_{up}、中心频率 f_0、阻带宽度 B、品质因数 Q 的理论值,详见表4.6.7。

表 4.6.7　二阶带阻滤波器实验数据记录表

	通带增益 A_{up}	中心频率 f_0	阻带宽度 B	品质因数 Q
理论计算				
实验结果				

③粗测:接通±12 V电源,输入端接入峰峰值为2 V的正弦信号,在滤波器中心频率 f_0 附近改变输入信号频率,用示波器观察输出电压的变化是否具备带阻特性,如不具备,应排除电

路故障。

④保持输入端信号幅度不变,令输入信号频率远离中心频率 f_0,任意选取通带频率,用示波器观察输入、输出电压的幅度,计算通带增益 A_{up}、阻带宽度 B 和品质因数 Q,记录数据到表 4.6.7 中。

⑤保持输入端信号幅度不变,逐点改变输入信号频率,测量输出电压,记录数据到表 4.6.8 中。

表 4.6.8　二阶带阻滤波器实验记录表

f_{ui}/kHz	0.01	0.03	0.05	0.07	0.075	0.078	0.08	0.085	0.087
U_{opp}/V									
f_{ui}/kHz	0.09	0.1	0.2	0.3	0.4	0.5	1	2	3
U_{opp}/V									

⑥根据实验数据,描绘幅频特性曲线。

4.6.5　预习要求及思考题

①用运算放大器组成有源滤波器时,运算放大器工作在线性区还是饱和区?

②试分析集成运放有限的输入阻抗对滤波器性能是否有影响?

③BEF(二阶带阻)和 BPF(二阶带通)是否像 HPF(高通滤波器)和 LPF(低通滤波器)一样具有对偶关系? 若将 BPF 中起滤波作用的电阻与电容的位置互换,能得到 BEF 吗?

④设计截止频率为 500 Hz 的低通滤波器和高通滤波器。

⑤设计中心频率为 50 Hz 的带通滤波器和带阻滤波器。

4.6.6　实验报告

①整理实验数据,画出各电路实测的幅频特性。

②根据实验曲线,计算截止频率、中心频率、带宽及品质因数。

③总结有源滤波电路的特性。

4.7　集成运算放大器应用 Ⅲ ——波形发生电路

4.7.1　实验目的

①学习分析集成运放构成正弦波、方波和三角波发生电路。

②学习波形信号发生电路的调整和主要性能指标的测试方法。

③掌握波形发生电路的特点和分析方法。

④熟悉波形发生电路的设计方法。

4.7.2 实验原理

由集成运放构成的正弦波、方波和三角波发生器有多种形式,本实验选用最常用的,比较简单的几种电路加以分析。

1)RC 桥式正弦波振荡电路(文氏电桥振荡电路)

RC 桥式正弦波振荡电路又称为文氏电桥振荡电路,是一种较好的正弦波产生电路,通常用来产生频率小于 1 MHz 的低频信号。

如图 4.7.1 所示电路为 RC 桥式正弦波振荡电路。其中 RC 串、并联电路构成正反馈支路,同时兼作选频网络,R_1,R_2,R_w 及二极管等元件构成负反馈和稳幅环节。调节电位器 R_w,可以改变负反馈深度,以满足振荡的振幅条件和改善波形。利用两个反向并联二极管 VD_1,VD_2 正向电阻的非线性特性来实现稳幅。VD_1,VD_2 采用硅管(温度稳定性好),且要求特性匹配,才能保证输出波形正、负半周对称。R_3 的接入是为了削弱二极管非线性的影响,以改善波形失真。

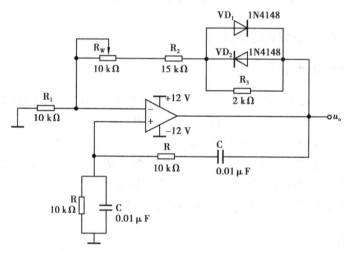

图 4.7.1 RC 桥式正弦波振荡电路

电路的振荡频率:$f_0 = \dfrac{1}{2\pi RC}$

起振的幅值条件:$\dfrac{R_f}{R_1} \geqslant 2$

$$R_f = R_W + R_2 + (R_3 /\!/ r_D)$$

式中 r_D——二极管正向导通电阻。

调反馈电阻 R_f(调 R_W)使电路起振,且波形失真最小。如不能起振,则说明负反馈太强,应适当加大 R_W。如波形严重失真,则应适当减小 R_W。改变选频网络的参数 R 或者 C,即可调节振荡频率。一般采用改变电容 C 作频率量程切换,而调节 R 作量程内的频率细调。

2)三角波—方波发生电路

如图 4.7.2 所示电路为三角波—方波发生电路,是把滞回比较器和积分器首尾相接形成正反馈闭环系统。比较器 A_1 输出的方波经积分器 A_2 积分可得到三角波,三角波又触发比较器自动翻转形成方波,即比较器 A_1 输出方波,积分器 A_2 输出三角波,波形如图 4.7.3 所示。由于采用运放组成的积分电路,因此可实现恒流充电,使三角波线性大大改善。

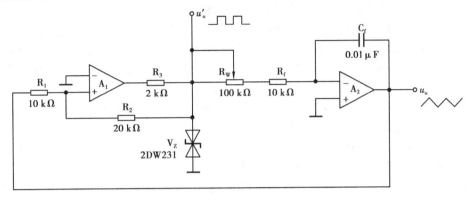

图 4.7.2　三角波—方波发生电路

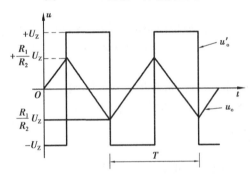

图 4.7.3　三角波、方波发生器输出波形图

电路振荡频率:
$$f_0 = \frac{R_2}{4R_1(R_f+R_W)C_f}$$

方波幅值:
$$U'_{om} = \pm U_Z$$

三角波幅值:
$$U_{om} = \frac{R_1}{R_2}U_Z$$

调节 R_W 可以改变振荡频率,改变比值 $\dfrac{R_1}{R_2}$ 可调节三角波的幅值。

4.7.3　实验设备

信号发生器	1 台
双踪示波器	1 台
数字万用表	1 块
模拟电路实验箱	1 只
电阻	若干
电容	若干

4.7.4 实验内容

1）RC 桥式正弦波振荡电路（文氏电桥振荡电路）

①实验电路如图 4.7.1 所示，在模拟电路实验箱上连接电路，接通±12 V 电源。

②将 R_W 电位器旋至最小，用示波器观察有无正弦波的输出。若无输出，则逐渐增大电位器，使波形从无到有，从正弦波到出现失真。描绘 u_o 的波形，记下临界起振、正弦波输出及失真情况下的 R_W 值，分析负反馈强弱对起振条件及输出波形的影响。

③调节电位器 R_W，使输出电压 U_o 幅值最大且不失真，用示波器分别测量输出电压 U_o、反馈电压 $U+$ 和 $U-$，分析研究振荡的幅值条件。

④用示波器或频率计测量振荡频率 f_0，然后在选频网络的两个电阻 R 上并联同一阻值电阻，观察记录振荡频率的变化情况，并与理论值进行比较。

⑤断开二极管 VD_1，VD_2，重复上述步骤②的内容，将测试结果与步骤②进行比较，分析 VD_1，VD_2 的稳幅作用。

2）三角波和方波发生器

①实验电路如图 4.7.2 所示，在模拟电路实验箱上连接电路，接通±12 V 电源。

②将电位器 R_W 调至合适位置，用双通道示波器观察记录方波 U_o' 及三角波 U_o 的波形，测其幅值、频率及 R_W 值。

③改变 R_W 的位置，观察对 U_o、U_o' 幅值及频率的影响。

④改变 R_1（或 R_2），观察对 U_o、U_o' 幅值及频率的影响。

4.7.5 预习要求及思考题

①为什么在文氏电桥振荡电路中要引入负反馈支路？

②文氏电桥振荡电路中的两个二极管是如何起到稳幅作用的，为什么要在二极管两端并联一个电阻？

③分析三角波—方波发生电路参数变化（R_1，R_2 和 R_W）对输出波形频率及幅值的影响？

④在波形发生器各电路中，"相位补偿"和"调零"是否需要？为什么？

⑤怎样测量非正弦波的幅值？

4.7.6 实验报告

①将波形发生电路中的实测值与理论估算值相比较并讨论结果。

②画出实验中各点的波形。

③观察实验数据与理论计算的差距，分析误差原因。

④心得体会及其他。

4.8 直流稳压电源

4.8.1 实验目的

①研究集成稳压器的特点和性能指标的测试方法。

②了解集成稳压器扩展性能的方法。

4.8.2　实验原理

随着半导体工艺的发展,稳压电路制成了集成器件。由于集成稳压器具有体积小,外接线路简单、使用方便、工作可靠和通用性等优点,在各种电子设备中应用十分普遍,基本上取代了由分立元件构成的稳压电路。集成稳压器的种类很多,应根据设备对直流电源的要求来进行选择。对于大多数电子仪器、设备和电子电路来说,通常是选用串联线性集成稳压器,在这种类型的器件中,以三端式稳压器应用最为广泛。

W7800,W7900 系列三端式集成稳压器的输出电压是固定的,在使用中不能进行调整。W7800 系列三端式稳压器输出正极性电压,一般有 5 V,6 V,9 V,12 V,15 V,18 V,24 V 7 个挡位,输出电流最大可达 1.5 A(加散热片)。同类型 78 M 系列稳压器的输出电流为 0.5 A,78 L 系列稳压器的输出电流为 0.1 A。若要求负极性输出电压,则可选用 W7900 系列稳压器。

如图 4.8.1 所示为 W7800 系列的外形和接线图。它有 3 个引出端:

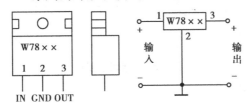

图 4.8.1　W7800 系列外形及接线图

输入端(不稳定电压输入端)　　　标以"1"
输出端(稳定电压输出端)　　　　标以"3"
公共端　　　　　　　　　　　　标以"2"

除固定输出三端稳压器外,尚有可调式三端稳压器,后者可通过外接元件对输出电压进行调整,以适应不同的需求。

本实验所用集成稳压器为三端固定正稳压器 W7812,它的主要参数有:输出直流电压 U_o = +12 V;输出电流 0.1 A,0.5 A;电压调整率 10 mV/V;输出电阻 R_0 = 0.15 Ω;输入电压 U_I 的范围 15~17 V。一般 U_I 要比 U_o 大 3~5 V,才能保证集成稳压器工作在线性区。

如图 4.8.2 所示是用三端式稳压器 W7812 构成的单电源电压输出的串联型稳压电源的实验电路图。其中,整流部分采用了由 4 个二极管组成桥式整流器成品(又称为桥堆),型号为 2W06(或 KBP306),内部接线和外部管脚引线如图 4.8.3 所示。滤波电容 C_1,C_2 一般选取几百至几千微法。当稳压器距离整流滤波电路比较远时,在输入端必须接入电容器 C_3(数值为 0.33 μF),以抵消线路的电感效应,防止产生自激振荡。输出端电容 C_4(0.1 μF)用以滤除输出端的高频信号,改善电路的暂态响应。

如图 4.8.4 所示为正、负双电压输出电路,例如,需要 U_{o1} = +15 V,U_{o2} = −15 V,则可选用 W7815 和 W7915 三端稳压器,这时的 U_I 应为单电压输出时的两倍。

当集成稳压器本身的输出电压或输出电流不能满足要求时,可通过外接电路来进行性能扩展。如图 4.8.5 所示是一种简单的输出电压扩展电路。如 W7812 稳压器的 3、2 两端输出电压 12 V,因此只要适当选择 R 的值,使稳压管 VD_W 工作在稳压区,则输出电压 U_o = 12 + U_z,

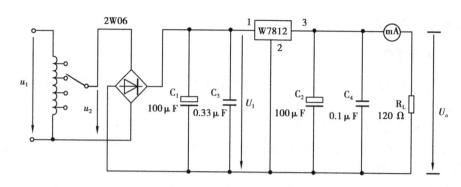

图 4.8.2　由 W7815 构成的串联型稳压电源

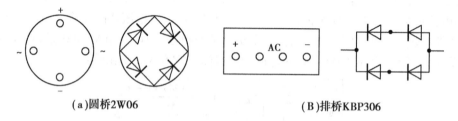

（a）圆桥2W06　　　　　　　　（B）排桥KBP306

图 4.8.3　桥堆管脚图

可以高于稳压器本身的输出电压。

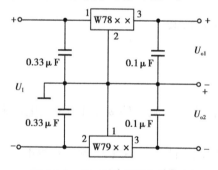

图 4.8.4　正、负双电压输出电路

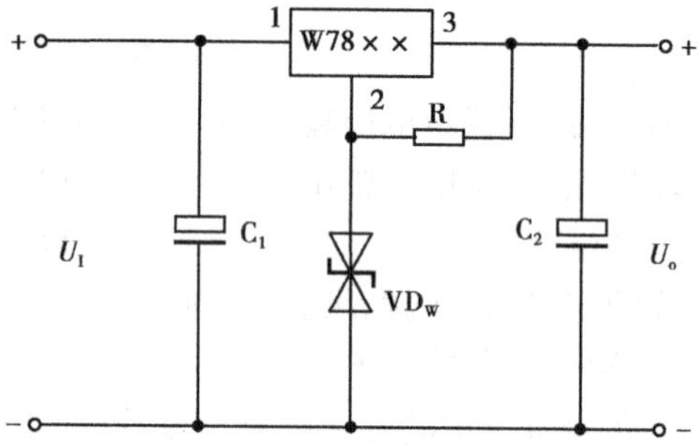

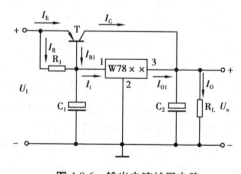

图 4.8.5　输出电压扩展电路

如图 4.8.6 所示是通过外接晶体管 T 及电阻 R_1 来进行电流扩展的电路。电阻 R_1 的阻值由外接晶体管的发射结导通电压 U_{BE}、三端式稳压器的输入电流 I_i（近似等于三端稳压器的输出电流 I_{01}）和 T 的基极电流 I_B 来决定，即

$$R_1 = \frac{U_{BE}}{I_R} = \frac{U_{BE}}{I_i - I_B} = \frac{U_{BE}}{I_{01} - \dfrac{I_C}{\beta}} \quad (4.8.1)$$

式中　I_C——晶体管 T 的集电极电流，它应等于

　　　　$I_C = I_0 - I_{01}$；

　　　β——T 的电流放大系数；

图 4.8.6　输出电流扩展电路

对于锗管 U_{BE} 可按 0.3 V 估算,对于硅管 U_{BE} 按 0.7 V 估算。

稳压电源的主要性能指标如下:

(1)输出电压 U_o 和输出电流 I_0

输出电压 U_o 通常指稳压后的额定直流输出电压值。例如采用集成稳压器 78L12,其输出电压为 12 V。输出电流 I_o 通常指稳压器的额定输出电流。例如 78L12 额定输出电流为 100 mA。简便方法是在稳压器输出端接上合适的负载电阻 R_L(如 120 Ω),直接测量流过 R_L 的电流来确定。

(2)输出电阻 R_0

输出电阻 R_0 定义为:当输入电压 U_I(指稳压电路输入电压)保持不变,由于负载变化而引起的输出电压变化量与输出电流变化量之比,即

$$R_0 = \frac{\Delta U_o}{\Delta I_0}\bigg|_{U_I = 常数} \tag{4.8.2}$$

(3)稳压系数 S(电压调整率)

稳压系数定义为:当负载保持不变,输出电压相对变化量与输入电压相对变化量之比,即

$$S = \frac{\Delta U_o / U_o}{\Delta U_I / U_I}\bigg|_{R_L = 常数} \tag{4.8.3}$$

由于工程上常把电网电压波动±10%作为极限条件,因此也有将此时输出电压的相对变化 $\Delta U_o / U_o$ 作为衡量指标,称为电压调整率。

(4)纹波电压

输出纹波电压是指在额定负载条件下,输出电压中所含交流分量的有效值(或峰值)。

附:

①如图 4.8.7 所示为 W7900 系列(输出负电压)外形及接线图。

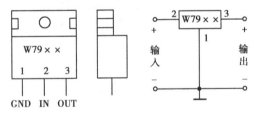

图 4.8.7　W7900 系列外形及接线图

②如图 4.8.8 所示为可调输出正三端稳压器 W317 外形及接线图。

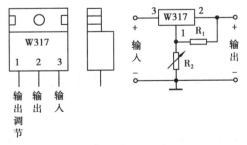

图 4.8.8　W317 外形及接线图

输出电压计算公式 $\qquad U_\text{o} \approx 1.25\left(1+\dfrac{R_2}{R_1}\right)$

最大输入电压 $\qquad U_\text{Im} = 40\ \text{V}$

输出电压范围 $\qquad U_\text{o} = 1.2 \sim 37\ \text{V}$

4.8.3 实验设备

双踪示波器		1台
信号发生器		1台
模拟电路实验箱		1只
数字万用表		1只
桥堆	2W06(或 KBP306)	1块
三端稳压器	W7812,W7815,W7915	各1

4.8.4 实验内容

1)整流滤波电路测试

按如图 4.8.9 所示连接实验电路,取可调工频电源 14 V 电压作为整流电路输入电压 u_2。接通工频电源,测量输出端直流电压 u_L 及纹波电压 $\tilde{u}_\text{L}$,用示波器观察 u_2,u_L 的波形,把数据及波形记入自拟表格中。

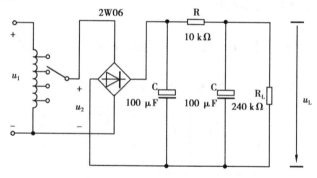

图 4.8.9 整流滤波电路

2)集成稳压器性能测试

断开工频电源,按图 4.8.2 所示改接实验电路,取负载电阻 $R_\text{L} = 120\ \Omega$。

(1)初测

接通工频 14 V 电源,测量 U_2 值;测量滤波电路输出电压 U_1(稳压器输入电压),集成稳压器输出电压 U_o,它们的数值应与理论值大致符合,否则说明电路出了故障。设法查找故障并加以排除。

电路经初测进入正常工作状态后,才能进行各项指标的测试。

(2)各项性能指标测试

①输出电压 u_o 和最大输出电流 $I_\text{o max}$ 的测量

在输出端接负载电阻 $R_\text{L} = 120\ \Omega$,由于 7812 输出电压 $U_\text{o} = 12\ \text{V}$,因此流过 R_L 的电流

$I_{o\ max} = \dfrac{12}{120} = 100$ mA。这时 U_o 应基本保持不变,若变化较大则说明集成块性能不良。

②稳压系数 S 的测量

取 $I_o = 100$ mA,按表 4.8.1 改变整流电路输入电压 U_2(模拟电网电压波动),分别测出相应的稳压器输入电压 U_1 及输出直流电压 U_o,记入表 4.8.1 中。

表 4.8.1 输出电压、最大输出电流及稳压系数测量表 $I_o = 100$ mA

测试值			计算值
U_2/V	U_1/V	U_o/V	S
14			$S_{12} =$
16		12	
18			$S_{23} =$

③输出电阻 R_o 的测量

取 $U_2 = 16$ V,改变滑线变阻器位置,使 I_o 为空载、50 mA 和 100 mA,测量相应的 U_o 值,记入表 4.8.2 中。

表 4.8.2 输出电阻测量表 $U_2 = 16$ V

测试值		计算值
I_o/mA	U_o/V	R_o/Ω
空载		$R_{o12} =$
50	12	
100		$R_{o23} =$

④输出纹波电压的测量

取 $U_2 = 16$ V,$U_o = 12$ V,$I_o = 100$ mA,测量输出纹波电压 U_o,记录之。

4.8.5 预习要求及思考题

①复习有关集成稳压器的内容,并考虑从实验仪器中选择合适的测量仪表。

②列出实验内容中所要求的各种表格。

③在测量稳压系数 S 和内阻 R_o 时,应怎样选择测试仪表?

④在桥式整流电路中,如果某个二极管发生开路、短路或接反 3 种情况,将出现什么问题?

⑤在桥式整流稳压电路实验中,能否用双踪示波器同时观察变压器输出电压 U_2 和负载电阻电压 U_o 的波形,为什么?

4.8.6 实验报告

①整理实验数据,计算 S 和 R_o,并与手册上的典型值进行比较。

②分析讨论实验中发生的现象和问题。

第 5 章
数字电子技术基础实验

5.1　组合逻辑电路

5.1.1　实验目的

①学习测试门电路的逻辑功能。
②学习组合逻辑电路的设计方法。

5.1.2　实验原理

集成逻辑门电路是构成各种数字电路的基本单元。集成逻辑门电路有 TTL 和 COMS 两大类,按功能可以分为与门、与非门、或门、或非门等。

集成逻辑门最简单的应用是对数字信号进行控制。在逻辑门的一端加上控制信号(1 电平或 0 电平),由该信号决定门电路的开或关。当门电路处于打开状态(开门或选通)时,数字信号被传输;当门电路处于关闭状态(关门或禁止)时,数字信号无法通过。至于控制信号是 1 电平还是 0 电平,则由门电路的逻辑功能决定。

①使用中、小规模集成电路来设计组合电路是最常见的逻辑电路。设计组合电路的一般步骤如图 5.1.1 所示。

根据设计任务的要求建立输入、输出变量,并列出真值表。用逻辑代数或卡诺图化简法求出简化的逻辑表达式。按实际选用逻辑门的类型修改逻辑表达式。根据简化后的逻辑表达式,画出逻辑图,用标准器件构成逻辑电路。最后,用实验来

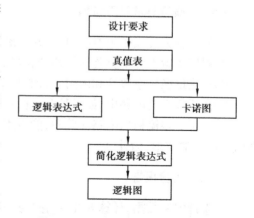

图 5.1.1　组合逻辑电路设计流程图

验证设计的正确性。

②组合逻辑电路设计举例。

用与非门设计一个表决电路。当 4 个输入端中有 3 个或 4 个为 1 时,输出端才为 1。

设计步骤:根据题意列出真值表,见表 5.1.1,再填入如图 5.1.2 所示的卡诺图中。

表 5.1.1　真值表

D	0	0	0	0	0	0	0	0	1	1	1	1	1	1	1	1
A	0	0	0	0	1	1	1	1	0	0	0	0	1	1	1	1
B	0	0	1	1	0	0	1	1	0	0	1	1	0	0	1	1
C	0	1	0	1	0	1	0	1	0	1	0	1	0	1	0	1
Z	0	0	0	0	0	0	0	1	0	0	0	1	0	1	1	1

由卡诺图得出逻辑表达式,并演化成与非的形式

$$Z = ABC + BCD + ACD + ABD$$

$$= \overline{\overline{ABC} \cdot \overline{BCD} \cdot \overline{ACD} \cdot \overline{ABD}}$$

(5.1.1)

根据逻辑表达式画出用与非门构成的逻辑电路,如图 5.1.3 所示。实验验证逻辑功能。

BC\DA	00	01	11	10
00				
01				1
11		1	1	1
10			1	

图 5.1.2　卡诺图

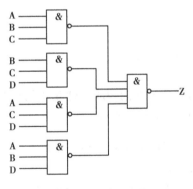

图 5.1.3　表决电路逻辑图

5.1.3　实验设备

数字电路实验箱	1 只
数字万用表	1 块

5.1.4　实验内容

1)测试与非门的逻辑功能

①按如图 5.1.4 所示接线。

②按表 5.1.2 的要求分别置 A,B,C,D 的逻辑状态,并把观测到 Q 端的状态填入表中,写出逻辑表达式。

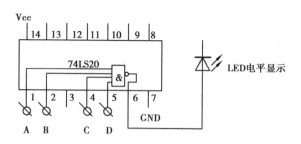

图 5.1.4　74LS20 逻辑功能测试图

表 5.1.2　与非及或非逻辑真值表

输　　入				输　　出	
A	B	C	D	Q	F
0	0	0	0		
0	0	0	1		
0	0	1	0		
0	0	1	1		
0	1	0	0		
⋮	⋮	⋮	⋮	⋮	⋮
1	1	1	1		

2)利用与非门组成其他基本门电路,测试逻辑功能

（1）组成与门电路

①由与门的逻辑表达式得知 $F = AB = \overline{\overline{AB}}$,与门可由两个与非门组成,要求画出与门电路,并进行实验。

②按表 5.1.3 对输入电平要求,把测出的输出结果填入表中相应的栏内。

表 5.1.3　与逻辑真值表

输　　入		输　　出
A	B	F
0	0	
0	1	
1	0	
1	1	

（2）组成与或非门电路

①把与或非逻辑式化成用与非表达的形式。

$$F = \overline{AB + CD} \tag{5.1.2}$$

②自行拟订实验电路,并进行实验。

③把实验结果填入表 5.1.2 中。

3）半加器

两个一位二进制的数相加时,有 4 种可能情况,见表 5.1.4,其中,S 表示和,C 表示进位,A,B 表示加数、被加数。

表 5.1.4 半加器真值表

输　　入		输　　出	
A	B	S	C
0	0	0	0
0	1	1	0
1	0	1	0
1	1	0	1

①从表中可写出半加器和 S 与进位 C 的逻辑表达式:

$$S = \overline{A}B + A\overline{B} = A \oplus B \qquad C = AB \tag{5.1.3}$$

实现上述逻辑表达式的逻辑电路有多种形式。

②自行拟订实验电路,并将实验结果与表 5.1.4 对照。

4）设计一位全加器,要求用与或非门实现

5）设计一个对 2 位无符号的二进制数进行比较的电路

根据第一个数是否大于、等于、小于第二个数,使相应的 3 个输出端中的一个输出为 1,要求用与门、与非门及或非门实现。

实验中需注意以下事项:

①接插集成块时,要认清定位标记,不得插反。

②TTL 与非门使用电源电压为+4.5～+5.5 V,实验中要求使用 $V_{CC} = +5$ V。电源极性绝对不允许接错。

5.1.5 预习要求及思考题

①学会查找 74LS00,74LS20 集成芯片的引脚图及了解功能真值表的意义。

②根据实验任务要求设计组合电路,并根据所给的标准器件画出逻辑图。

③如何用最简单的方法验证与或非门的逻辑功能是否完好?

④与或非门中,当某一组与端不用时,应作如何处理?

5.1.6 实验报告

①列写实验任务的设计过程,画出设计的电路图。

②对所设计的电路进行实验测试,记录测试结果。

③组合电路设计体会。

5.2 译码器及其应用

5.2.1 实验目的

①掌握中规模集成译码器的逻辑功能和使用方法。

②熟悉数码管的使用。

5.2.2 实验原理

译码器是一个多输入、多输出的组合逻辑电路。它的作用是对给定的代码进行"翻译",变成相应的状态,使输出通道中相应的一路有信号输出。译码器在数字系统中应用广泛,不仅用于代码的转换、终端的数字显示,还用于数据分配,存储器寻址和组合控制信号等。不同功能选用不同种类的译码器。

译码器分为通用译码器和显示译码器两大类。前者又分为变量译码器和代码变换译码器。

1)变量译码器(又称二进制译码器)

用以表示输入变量的状态,如 2 线-4 线、3 线-8 线和 4 线-16 线译码器。若有 n 个输入变量,则有 2^n 个不同的组合状态,就有 2^n 个输出端供其使用。而每一个输出所代表的函数对应于 n 个输入变量的最小项。

以 3 线-8 线译码器 74LS138 为例进行分析,如图 5.2.1 所示为其逻辑符号。其中,A_2,A_1,A_0 为地址输入端,$\overline{Y_0} \sim \overline{Y_7}$ 为译码输出端,S_1,$\overline{S_2}$,$\overline{S_3}$ 为使能端。

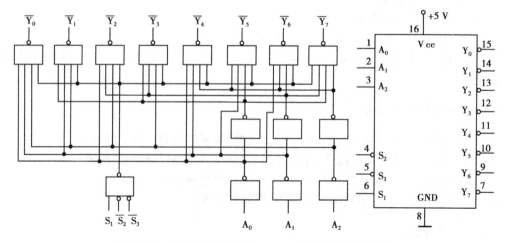

图 5.2.1 3 线-8 线译码器 74LS138 逻辑图及引脚排列

表 5.2.1 为 74LS138 功能表。当 $S_1 = 1$，$\overline{S_2} + \overline{S_3} = 0$ 时，器件使能，地址码所指定的输出端有信号（为 0）输出，其他所有输出端均无信号（全为 1）输出。当 $S_1 = 0$，$\overline{S_2} + \overline{S_3} = \times$ 时，或 $S_1 = \times$，$\overline{S_2} + \overline{S_3} = 1$ 时，译码器被禁止，所有输出同时为 1。

表 5.2.1　74LS138 功能表

输　入					输　出							
S_1	$\overline{S_2} + \overline{S_3}$	A_2	A_1	A_0	$\overline{Y_0}$	$\overline{Y_1}$	$\overline{Y_2}$	$\overline{Y_3}$	$\overline{Y_4}$	$\overline{Y_5}$	$\overline{Y_6}$	$\overline{Y_7}$
1	0	0	0	0	0	1	1	1	1	1	1	1
1	0	0	0	1	1	0	1	1	1	1	1	1
1	0	0	1	0	1	1	0	1	1	1	1	1
1	0	0	1	1	1	1	1	0	1	1	1	1
1	0	1	0	0	1	1	1	1	0	1	1	1
1	0	1	0	1	1	1	1	1	1	0	1	1
1	0	1	1	0	1	1	1	1	1	1	0	1
1	0	1	1	1	1	1	1	1	1	1	1	0
0	$\times$	$\times$	$\times$	$\times$	1	1	1	1	1	1	1	1
$\times$	1	$\times$	$\times$	$\times$	1	1	1	1	1	1	1	1

二进制译码器实际上是负脉冲输出的脉冲分配器。若利用使能端中的一个输入端输入数据信息，器件就成为一个数据分配器（又称多路分配器），如图 5.2.2 所示。若 S_1 在输入端输入数据信息，$\overline{S_2} = \overline{S_3} = 0$，地址码所对应的输出是 S_1 数据信息的反码；若从 $\overline{S_2}$ 端输入数据信息，令 $S_1 = 1$，$\overline{S_3} = 0$，地址码所对应的输出就是 $\overline{S_2}$ 端数据信息的原码。若数据信息是时钟脉冲，则数据分配器便成为时钟脉冲分配器。

根据输入地址的不同组合译出唯一的地址，故可用作地址译码器。接成多路分配器，可将一个信号源的数据信息传输到不同的地点。

二进制译码器能方便地实现逻辑函数，如图 5.2.3 所示，实现的逻辑函数是 $Z = \overline{ABC} + \overline{A}\,\overline{BC} + A\overline{BC} + \overline{ABC}$。

利用使能端能方便地将两个 3 线-8 线译码器组合成一个 4 线-16 线译码器，如图 5.2.4 所示。

2）数码显示译码器

（1）七段发光二极管（LED）数码管

LED 数码管是目前最常用的数字显示器，如图 5.2.5 所示中，（a）、（b）为共阴管和共阳管的电路，（c）为两种不同出线形式的引脚功能图。

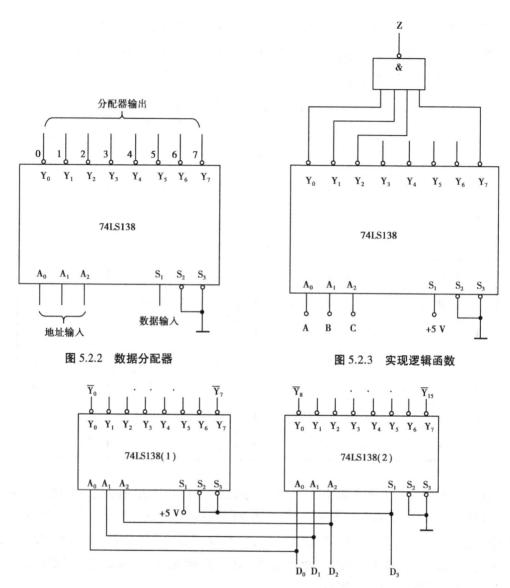

图 5.2.2　数据分配器　　　　　　图 5.2.3　实现逻辑函数

图 5.2.4　用两片 74SL138 组合成 4 线-16 线译码器

LED 数码管可用来显示一位 0~9 十进制数和一个小数点。小型数码管(0.5 寸和 0.36 寸)每段发光二极管的正向压降,随显示光(通常为红、绿、黄、橙色)的颜色不同略有差别,通常为 2~2.5 V,每个发光二极管的点亮电流为 5~10 mA。LED 数码管要显示 BCD 码所表示的十进制数字就需要有一个专门的译码器,该译码器不但要完成译码功能,还要有相当的驱动能力。

(2)BCD 码七段译码驱动器

此类译码器型号有 74LS47(共阳)、CC4511(共阴)等,本实验采用 CC4511 BCD 码锁存/七段译码/驱动器。驱动共阴极 LED 数码管。如图 5.2.6 所示为 CC4511 引脚排列。

其中:

A,B,C,D:BCD 码输入端。

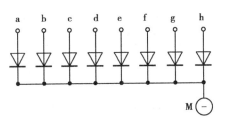
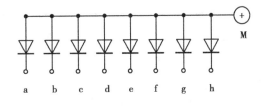

（a）共阴连接(1电平驱动)　　　　　　　　　（b）共阳连接(0电平驱动)

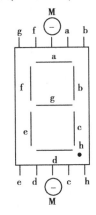
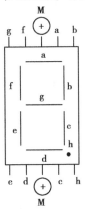

（c)符号及引脚功能

图 5.2.5　LED 数码管

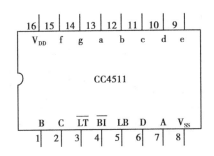

图 5.2.6　CC4511 引脚排列

a,b,c,d,e,f,g:译码输出端,输出 1 有效,用来驱动共阴极 LED 数码管。

$\overline{LT}$:测试输入端,$\overline{LT}$=0 时,译码输出全为 1。

$\overline{BI}$:消隐输入端,$\overline{BI}$=0 时,译码输出全为 0。

LE:锁定端,LE = 1 时译码器处于锁定（保持）状态,译码输出保持在 LE = 0 时的数值,LE = 0 为正常译码。

表 5.2.2 为 CC4511 功能表。CC4511 内接有上拉电阻,故只需在输出端与数码管笔端之间串入限流电阻即可工作。译码器还有拒伪码功能,当输入码超过 1001 时,输出全为 0,数码管熄灭。

表 5.2.2　CC4511 功能表

输　　入							输　　出							
LE	$\overline{BI}$	$\overline{LT}$	D	C	B	A	a	b	c	d	e	f	g	显示字形
×	×	0	×	×	×	×	1	1	1	1	1	1	1	日
×	0	1	×	×	×	×	0	0	0	0	0	0	0	消隐

续表

输　入							输　出							
0	1	1	0	0	0	0	1	1	1	1	1	1	0	0
0	1	1	0	0	0	1	0	1	1	0	0	0	0	1
0	1	1	0	0	1	0	1	1	0	1	1	0	1	2
0	1	1	0	0	1	1	1	1	1	1	0	0	1	3
0	1	1	0	1	0	0	0	1	1	0	0	1	1	4
0	1	1	0	1	0	1	1	0	1	1	0	1	1	5
0	1	1	0	1	1	0	0	0	1	1	1	1	1	6
0	1	1	0	1	1	1	1	1	1	0	0	0	0	7
0	1	1	1	0	0	0	1	1	1	1	1	1	1	8
0	1	1	1	0	0	1	1	1	1	0	0	1	1	9
0	1	1	1	0	1	0	0	0	0	0	0	0	0	消隐
0	1	1	1	0	1	1	0	0	0	0	0	0	0	消隐
0	1	1	1	1	0	0	0	0	0	0	0	0	0	消隐
0	1	1	1	1	0	1	0	0	0	0	0	0	0	消隐
0	1	1	1	1	1	0	0	0	0	0	0	0	0	消隐
0	1	1	1	1	1	1	0	0	0	0	0	0	0	消隐
1	1	1	×	×	×	×	锁　存							锁存

在数字电路实验装置上已完成了译码器 CC4511 和数码管 BS202 之间的连接。实验时,只要接通+5 V 电源和将十进制的 BCD 码接至译码器的相应输入端 A,B,C,D 即可显示 0~9 的数字。四位数码管可接收四组 BCD 码输入。CC4511 与 LED 数码管的连接如图 5.2.7 所示。

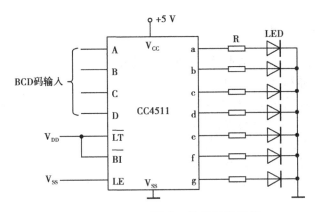

图 5.2.7　CC4511 驱动一位 LED 数码管

5.2.3　实验设备

数字电路实验箱　　　　　　　　　　　　　　　　　　　　　　1 只
双踪示波器　　　　　　　　　　　　　　　　　　　　　　　　1 台
数字万用表　　　　　　　　　　　　　　　　　　　　　　　　1 块

5.2.4　实验内容

1）数据拨码开关、译码器 CC4511 以及数码管 BS202 的配合使用

在实验装置的芯片座子上插上 CC4511 和共阴极数码管 BS202 各 1 个, CC4511 的输入端二进制数码选用数据拨码开关的输出端 ABCD（四组中选一组）, 根据 CC4511 的逻辑功能（表 5.2.2）、引脚排列（见图 5.2.6）以及数码管的管脚分布（见图 5.2.5）, 自拟实验方法、实验步骤、画出实验线路、拟出实验所需记录表格。

①应用译码器的驱动功能测试数码管的好坏。

②测试二进制数到十进制数的译码显示, 把结果记录到表格中, 观察数据拨码开关的显示与数码管的显示是否一样, 并举例说明它的工作过程（比如二进制数 0111 译码显示结果为 7）。

2）74LS138 译码器逻辑功能测试

根据 74LS138 的逻辑功能表（表 5.2.1）, 自拟实验方案、实验线路、实验步骤, 逐项测试 74LS138 的逻辑功能, 自拟表格进行数据记录。

3）用 74LS138 构成时序脉冲分配器

参照图 5.2.2 和实验原理说明, 时钟脉冲 CP 频率约为 10 kHz, 要求分配器输出端 $\overline{Y_0} \sim \overline{Y_7}$ 的信号与 CP 输入信号同相。

画出分配器的实验电路, 选择适当的仪器设备, 观察和记录在地址端 A_2, A_1, A_0 分别取 000~111 8 种不同状态时, $\overline{Y_0} \sim \overline{Y_7}$ 端的输出, 注意输出端与 CP 输入端之间的关系。

4）用两片 74LS138 组合成一个 4 线-16 线译码器, 并进行实验

根据 74LS138 的逻辑功能表（5.2.1）, 自拟实验方案、实验线路、实验步骤、自拟表格进行数据记录。

5.2.5　预习要求及思考题

①阅读 LED 数码显示器件基本常识及使用注意事项。
②复习有关译码器和分配器的原理。
③画出各实验所需的实验线路及记录表格。
④CC4511 的拒伪码功能体现在哪里？
⑤怎样用万用表判断数码管的好坏？
⑥共阴极数码管和共阳极数码管区别在哪里？
⑦用 74LS138 构成脉冲分配器时，如 $A_2A_1A_0 = 101$，那么输出端中哪个才会有波形输出？

5.2.6　实验报告

①画出实验线路，把观察到的波形画在坐标纸上，并标上对应的地址码。
②对实验结果进行分析、讨论。

5.3　数据选择器及其应用

5.3.1　实验目的

①掌握中规模集成数据选择器的逻辑功能的测试方法。
②掌握用数据选择器构成组合逻辑电路的方法。

5.3.2　实验原理

数据选择器又称为"多路开关"。数据选择器在地址码（或称选择控制）电位的控制下，从几个数据输入中选择一个并将其送到一个公共的输出端。数据选择器的功能类似一个单刀多掷开关，如图 5.3.1 所示，图中有 8 路数据 $D_0 \sim D_7$，通过选择控制信号 $A_2 \sim A_0$（地址码）从 8 路数据中选中某一路数据送至输出端 Y。

数据选择器是逻辑设计中应用十分广泛的逻辑器件，它有 2 选 1、4 选 1、8 选 1、16 选 1 等类别。

1）8 选 1 数据选择器 74LS151

74LS151 为互补输出的 8 选 1 数据选择器，引脚排列如图 5.3.2 所示，功能见表 5.3.1。

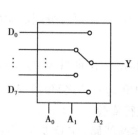

图 5.3.1　4 选 1 数据选择器示意图

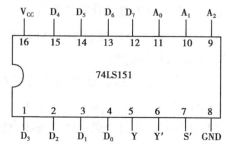

图 5.3.2　74LS151 引脚排列

表 5.3.1　74LS151 功能表

输　入				输　出
S′	A_2	A_1	A_0	Y
1	×	×	×	0
0	0	0	0	D_0
0	0	0	1	D_1
0	0	1	0	D_2
0	0	1	1	D_3
0	1	0	0	D_4
0	1	0	1	D_5
0	1	1	0	D_6
0	1	1	1	D_7

选择控制端(地址端)为 $A_2 \sim A_0$,按二进制译码,从 8 个输入数据 $D_0 \sim D_7$ 中,选择一个需要的数据送到输出端 Y,S′为使能端,低电平有效。

①使能端 S′ = 1 时,不论 $A_2 \sim A_0$ 状态如何,均无输出(Y = 0),多路开关被禁止。

②使能端 S′ = 0 时,多路开关正常工作,根据地址码 $A_2A_1A_0$ 的状态,选择 $D_0 \sim D_7$ 中某一个通道的数据输送到输出端 Y。

如:$A_2A_1A_0 = 000$,则选择 D_0 数据到输出端,即 $Y = D_0$。

如:$A_2A_1A_0 = 001$,则选择 D_1 数据到输出端,即 $Y = D_1$,其余类推。

2)双 4 选 1 数据选择器 74LS153

所谓双 4 选 1 数据选择器就是在一块集成芯片上有两个 4 选 1 数据选择器。引脚排列如图 5.3.3 所示,功能见表 5.3.2。

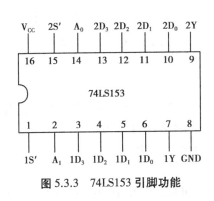

图 5.3.3　74LS153 引脚功能

表 5.3.2　74LS153 功能表

输　入			输　出
S′	A_1	A_0	Y
1	×	×	0
0	0	0	D_0
0	0	1	D_1
0	1	0	D_2
0	1	1	D_3

$1S', 2S'$ 为两个独立的使能端;A_1, A_0 为共用的地址输入端;$1D_0 \sim 1D_3$ 和 $2D_0 \sim 2D_3$ 分别为两个 4 选 1 数据选择器的数据输入端;$1Y, 2Y$ 为两个输出端。

①当使能端 $1S'(2S') = 1$ 时,多路开关被禁止,无输出,$Y = 0$。

②当使能端 $1S'(2S') = 0$ 时,多路开关正常工作,根据地址码 A_1, A_0 的状态,将相应的数据 $D_0 \sim D_3$ 送到输出端 Y。

如:$A_1A_0 = 00$,则选择 D_0 数据到输出端,即 $Y = D_0$。

如:$A_1A_0 = 01$,则选择 D_1 数据到输出端,即 $Y = D_1$,其余类推。

数据选择器的用途很多,例如多通道传输、数码比较、并行码变串行码,以及实现逻辑函数等。

3)数据选择器的应用——实现逻辑函数

【例1】 用 8 选 1 数据选择器 74LS151 实现函数 $F = AB' + A'C + BC'$。采用 8 选 1 数据选择器 74LS151 可实现任意三输入变量的组合逻辑函数。作出函数 F 的真值表,见表 5.3.3,将函数 F 功能表与 8 选 1 数据选择器的功能表相比较,可知:

①将输入变量 C, B, A 作为 8 选 1 数据选择器的地址码 A_2, A_1, A_0。

②使 8 选 1 数据选择器的各数据输入 $D_0 \sim D_7$ 分别与函数 F 的输出值一一对应。

即 $\qquad A_2A_1A_0 = CBA, \ D_0 = D_7 = 0, \ D_1 = D_2 = D_3 = D_4 = D_5 = D_6 = 1$

可得 $\qquad\qquad\qquad F = AB' + A'C + BC'$

则 8 选 1 数据选择器的输出 Y 便实现了函数 $F = AB' + A'C + BC'$。接线图如图 5.3.4 所示。

表 5.3.3 函数 F 的真值表

输　入			输　出
C	B	A	F
0	0	0	0
0	0	1	1
0	1	0	1
0	1	1	1
1	0	0	1
1	0	1	1
1	1	0	1
1	1	1	0

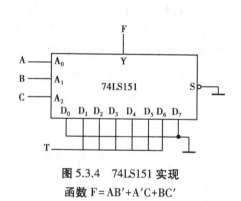

图 5.3.4 74LS151 实现
函数 $F = AB' + A'C + BC'$

显然,采用具有 n 个地址端的数据选择器实现 n 个变量的逻辑函数时,应将函数的输入变量加到数据选择器的地址端(A),选择器的数据端(D)按次序以函数 F 输出值来赋值。

【例2】 用 8 选 1 数据选择器 74LS151 实现函数 $F = AB' + A'B$。

①列出函数的真值表如表 5.3.4 所示。

②将 B, A 加到地址端 A_1, A_0,而 A_2 接地,由表 5.3.4 可见,将 D_1, D_2 接"1"及 D_0, D_3 接地,

其余数据输入端 $D_4 \sim D_7$ 都接地,则 8 选 1 数据选择器的输出 Y,便实现了函数 $F = AB' + A'B$。

接线图如图 5.3.5 所示。

表 5.3.4　真值表

输　入		输　出
B	A	F
0	0	0
0	1	1
1	0	1
1	1	0

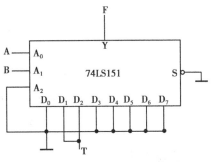

图 5.3.5　74LS151 实现函数 $F = AB' + A'B$

显然,当函数输入变量数小于数据选择器的地址端(A)时,应将不用的地址端及不用的数据输入端(D)都接地。

【例 3】　用 4 选 1 数据选择器 74LS153 实现函数 $F = A \oplus B \oplus C_i'$。

首先列出上述函数的真值表,见表 5.3.5。函数 F 有 3 个输入变量 A, B, C_i,而数据选择器有两个地址端 A_1, A_0,少于函数输入变量个数,在设计时可选 A 接 A_1,B 接 A_0。将函数功能表改画成表 5.3.6 的形式,由表 5.3.6 可知,当将输入变量 A, B, C_i 中的 A,B 接数据选择器的地址端 A_1, A_0 时

$$D_0 = D_3 = C_i, D_1 = D_2 = C_i'$$

表 5.3.5　真值表

输　入			输　出
A	B	C_i	F
0	0	0	0
0	0	1	1
0	1	0	1
0	1	1	0
1	0	0	1
1	0	1	0
1	1	0	0
1	1	1	1

表 5.3.6　改进真值表

输　入			输　出	选中数据端
A	B	C_i	F	
0	0	0	0	$D_0 = C_i$
		1	1	
0	1	0	1	$D_1 = C_i'$
		1	0	
1	0	0	1	$D_2 = C_i'$
		1	0	
1	1	0	0	$D_3 = C_i$
		1	1	

则 4 选 1 数据选择器的输出便实现了函数 $F = A \oplus B \oplus C_i'$,接线图如图 5.3.6 所示。

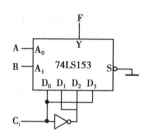

图 5.3.6　用 4 选 1 数据选择器

实现函数 $F = A \oplus B \oplus C_i$

5.3.3　实验设备

数字电路实验箱　　　　　　　　　　　　　　　　　　　　　　　1 只

数字万用表　　　　　　　　　　　　　　　　　　　　　　　　　1 块

5.3.4　实验内容

1) 测试数据选择器 74LS151 的逻辑功能

根据 74LS151 功能表及引脚排列,将输入端接入逻辑电平控制开关,输出接入 LED 电平显示端口,并把测试结果记录于表 5.3.7 中。

表 5.3.7　74LS151 逻辑功能测试记录表

输　入											输　出	功能说明
S'	A_2	A_1	A_0	D_0	D_1	D_2	D_3	D_4	D_5	D_6	D_7	Y	
1	×	×	×	×	×	×	×	×	×	×	×		
0	0	0	0	1	0	0	0	0	0	0	0		
0	0	0	1	0	0	0	0	0	1	1	1		
0	0	1	0	0	0	1	0	1	1	1	1		
0	0	1	1	1	1	0	1	0	1	0	1		
0	1	0	0	0	1	0	0	1	0	1	1		
0	1	0	1	0	0	1	1	1	0	1	0		
0	1	1	0	0	0	0	1	1	1	1	1		
0	1	1	1	1	1	1	1	0	0	0	0		

2) 测试 74LS153 的逻辑功能

测试方法同上,选择一组数据选择器进行测试,将测试结果记录于表 5.3.8 中。

表 5.3.8　74LS153 逻辑功能测试记录表

输　入							输　出	功能说明
S′	A_1	A_0	D_0	D_1	D_2	D_3	Y	
1	×	×	×	×	×	×		
0	0	0	1	0	0	0		
0	0	1	0	0	0	1		
0	1	0	0	1	1	0		
0	1	1	1	0	1	1		

3) 用 8 选 1 数据选择器 74LS151 设计三输入多数表决电路

仿照实验原理中的例 1 进行设计,写出设计步骤,画出电路图,并安装调试。

4) 用双 4 选 1 数据选择器 74LS153 实现全加器

仿照实验原理中的例 2 进行设计,写出设计步骤,画出电路图,并安装调试。

5.3.5　预习要求及思考题

① 用 8 选 1 数据选择器来实现逻辑函数时,如果逻辑函数中只有两个变量,那么数据选择器地址端多余的端子怎么处理?

② 用 4 选 1 数据选择器来实现逻辑函数时,如果逻辑函数中有 3 个变量,而数据选择器地址端只有两个变量,怎样得到第三个变量?

5.3.6　实验报告

① 总结 74LS153,74LS151 的逻辑功能和特点。

② 写出实验内容 3)、4) 中组合逻辑电路的逻辑表达式,总结由数据选择器实现组合逻辑函数时,表达式列写的规则。

③ 总结用数据选择器实现组合逻辑电路的方法。

5.4　计数器及其应用

5.4.1　实验目的

① 学习用集成触发器构成计数器的方法。

② 掌握中规模集成计数器的使用及功能测试方法。

③ 掌握用置位法和复位法实现任意进制计数器及其测试方法。

5.4.2 实验原理

计数器是一个用以实现计数功能的时序部件,它不仅能用于对时钟脉冲计数,还可以用于数字系统的定时、分频和进行数字运算以及其他特定的逻辑功能。

计数器种类很多。如果按构成计数器中的各触发器是否使用一个时钟脉冲源来分类,分为同步计数器和异步计数器。如果按计数制的不同,分为二进制计数器、十进制计数器和任意进制计数器。如果按计数的增减趋势,分为加法、减法和可逆计数器。此外有可预置数和可编程序功能计数器等。目前,无论是 TTL 还是 CMOS 集成电路,都有品种较齐全的中规模集成计数器。使用者只要借助器件手册提供的功能表、工作波形图以及管脚图,就能正确地使用这些器件。

1)中规模十进制计数器

74LS192 是同步十进制可逆计数器,具有双时钟输入,并具有清除和置数等功能,其引脚排列及逻辑符号如图 5.4.1 所示。74LS192 的功能见表 5.4.1。

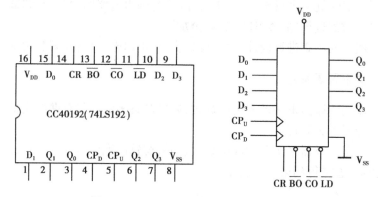

图 5.4.1　74LS192 引脚排列及逻辑符号

图中:

$\overline{\text{LD}}$—置数端; CP_U—加计数端; CP_D—减计数端;CR—清除端;

$\overline{\text{CO}}$—非同步进位输出端;$\overline{\text{BO}}$—非同步借位输出端;

D_0,D_1,D_2,D_3—计数器输入端;

Q_0,Q_1,Q_2,Q_3—计数器输出端。

表 5.4.1　74LS192 的逻辑功能表

输　入								输　出			
CR	$\overline{\text{LD}}$	CP_U	CP_D	D_3	D_2	D_1	D_0	Q_3	Q_2	Q_1	Q_0
1	×	×	×	×	×	×	×	0	0	0	0
0	0	×	×	d	c	b	a	d	c	b	a
0	1	↑	1	×	×	×	×	加计数			
0	1	1	↑	×	×	×	×	减计数			

当清除端 CR 为高电平 1 时,计数器直接清零;CR 置低电平则执行其他功能。

当 CR 为低电平,置数端$\overline{\text{LD}}$也为低电平时,数据直接从置数端 D_0,D_1,D_2,D_3 置入计数器。

当 CR 为低电平,$\overline{\text{LD}}$为高电平时,执行计数功能。执行加计数时,减计数端 CP_D 接高电平,计数脉冲由 CP_U 输入;在计数脉冲上升沿进行 8421 码十进制加法计数。执行减计数时,加计数端 CP_U 接高电平,计数脉冲由 CP_D 输入,表 5.4.2 为 8421 码十进制加、减计数器的状态转换表。

表 5.4.2　8421 码十进制加、减计数器状态转换表

加法计数———————————————————————————→

输入脉冲数		0	1	2	3	4	5	6	7	8	9
输出	Q_3	0	0	0	0	0	0	0	0	1	1
	Q_2	0	0	0	0	1	1	1	1	0	0
	Q_1	0	0	1	1	0	0	1	1	0	0
	Q_0	0	1	0	1	0	1	0	1	0	1

←———————————————————————————减法计数

2)计数器的级联使用

一个十进制计数器只能表示 0~9 十个数,为了扩大计数器范围,常用多个十进制计数器级联使用。

同步计数器往往设有进位(或借位)输出端,故可选用其进位(或借位)输出信号驱动下一级计数器。

如图 5.4.2 所示是由 74LS192 利用进位输出$\overline{\text{CO}}$控制高一位的 CP_U 端构成加数级联图。

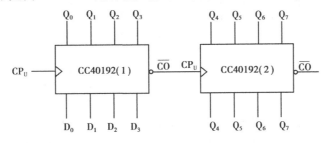

图 5.4.2　CC40192 级联电路

3)实现任意进制计数器

(1)用复位法获得任意进制计数器

假定已有 N 进制计数器,而需要得到一个 M 进制计数器时,只要 M<N,用复位法使计数器计数到 M 时置 0,即获得 M 进制计数器。如图 5.4.3 所示为一个由 74LS192 十进制计数器接成的六进制计数器。

(2)用预置功能获 M 进制计数器

如图 5.4.4 所示为用 3 个 CC40192 组成的四百二十一进制计数器。

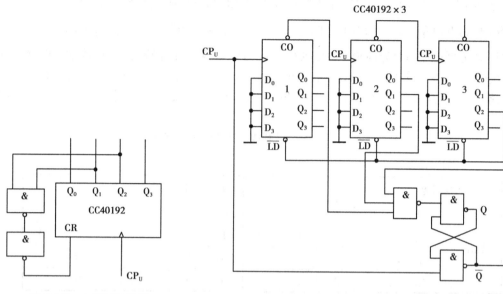

图 5.4.3　六进制计数器　　　　　　　　图 5.4.4　四百二十一进制计数器

外加的由与非门构成的锁存器可以克服器件计数速度的离散性,保证在反馈置 0 信号作用下计数器可靠置 0。

如图 5.4.5 所示是一个特殊十二进制的计数器电路方案。在数字钟里,对十位的计数序列是 $1,2,\cdots,11,12,1,\cdots$ 是十二进制进制的,且无 0 数。当计数到 13 时,通过与非门产生一个复位信号,使 CC40192(2)(十位)直接置成 0000,而 CC40192(1),即时的个位直接置成 0001,从而实现了十二进制计数。

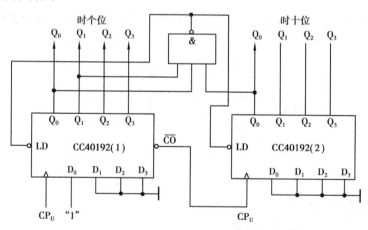

图 5.4.5　特殊十二进制计数器

5.4.3　实验设备

数字电路实验箱　　　　　　　　　　　　　　　　　　　　1 只

数字万用表　　　　　　　　　　　　　　　　　　　　　　1 块

5.4.4　实验内容

①测试 74LS192 同步十进制可逆计数器的逻辑功能。

根据 74LS192 的逻辑功能表和引脚排列,自拟实验方案、实验步骤,测试 74LS192 的逻辑功能,自拟表格记录,并与表 5.4.1 进行比较,判断该集成块的功能是否正常。

②如图 5.4.2 所示,用两片 74LS192 组成两位十进制加法计数器,输入 1 Hz 连续计数脉冲,进行由 0~99 累加计数,自拟表格记录;两位十进制加法计数器改为两位十进制减法计数器,实现由 99~0 递减计数,自拟表格记录。

③设计一个数字钟移位六十进制计数器。要求:自拟实验方案、实验步骤、测试方法,选择元器件,根据选用的器件画出电路图,并安装调试。分析实验结果,排除实验过程中出现的故障。

④用置位法设计一个计数范围从 1~23 的加法计数器,要求同上。

5.4.5　预习要求及思考题

①复习有关计数器部分内容。

②查出 74LS192,74LS00,74LS20 集成芯片的功能及引脚排列图。

③绘出各实验内容的详细线路图。

④拟出各实验内容所需的测试记录表格。

⑤74LS192 作加法计数时,CP_U,CP_D 分别应接什么?

⑥74LS192 作加法计数时,设 CP_U 频率为 1 Hz,则 10 个脉冲中,$\overline{CO}$ 为低电平的时间为多少?

⑦如果要求计数范围为 3~42,可以用复位法吗?可以用置位法吗?如果能,应怎样接线?

⑧复位法设计一个数字钟移位六十进制计数器并进行实验时,个位 CR 可以接低电平吗?当计数到 59 时,进位端有输出吗?

5.4.6　实验报告

①画出实验线路图,记录、整理实验现象及实验所得的有关波形。对实验结果进行分析。

②总结使用集成计数器的体会。

5.5　移位寄存器及其应用

5.5.1　实验目的

①掌握中规模四位双向移位寄存器逻辑功能的测试方法。

②熟悉移位寄存器的应用——构成环形计数器及其测试方法。

③了解移位寄存器的扩展及其测试方法。

5.5.2　实验原理

1)移位寄存器

移位寄存器是一个具有移位功能的寄存器,是指寄存器中所存的代码能够在移位脉冲的作用下依次左移或右移。既能左移又能右移的称为双向移位寄存器,只需要改变左、右移的控制信号便可实现双向移位要求。根据移位寄存器存取信息的方式不同分为:串入串出、串入并出、并入串出、并入并出 4 种形式。

本实验选用的四位双向通用移位寄存器,型号为 74LS194,其逻辑符号及引脚排列如图 5.5.1 所示。

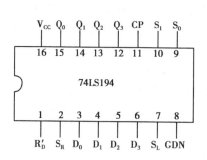 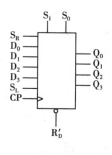

图 5.5.1　74LS194 的引脚功能及逻辑符号

其中,$D_0 \sim D_3$ 为并行输入端;$Q_0 \sim Q_3$ 为并行输出端;S_R 为右移串行输入端,S_L 为左移串行输入端;S_1,S_0 为操作模式控制端;R'_D 为直接无条件清零端;CP 为时钟脉冲输入端。

74LS194 有 5 种不同操作模式,即并行送数寄存、右移(方向由 $Q_0 \rightarrow Q_3$)、左移(方向由 $Q_3 \rightarrow Q_0$)、保持及清零。S_1,S_0 和 R'_D 端的控制作用见表 5.5.1。

表 5.5.1　74LS194 功能表

功　能	输　入									输　出			
	R'_D	S_1	S_0	CP	S_L	S_R	D_0	D_1	D_2	D_3	Q_0	Q_1	Q_2	Q_3
清除	0	×	×	×	×	×	×	×	×	×	0	0	0	0
送数	1	1	1	↑	×	×	a	b	c	d	a	b	c	d
右移	1	0	1	↑	×	D_{SR}	×	×	×	×	D_{SR}	Q_0	Q_1	Q_2
左移	1	1	0	↑	D_{SL}	×	×	×	×	×	Q_1	Q_2	Q_3	D_{SL}
保持	1	0	0	↑	×	×	×	×	×	×	Q_0^n	Q_1^n	Q_2^n	Q_3^n

2)环形计数器

如图 5.5.2 所示,把移位寄存器的输出反馈到它的串行输入端,把输出端 Q_3 和右移串行输入端 S_R 相连接,设初始状态 $Q_0Q_1Q_2Q_3 = 1\,000$,则在时钟脉冲作用下 $Q_0Q_1Q_2Q_3$ 将依次变为 $0100 \rightarrow 0010 \rightarrow 0001 \rightarrow 1000 \cdots$,见表 5.5.2,可见它是一个具有 4 个有效状态的计数器,这种类型的计数器通常称为环行计数器。如图 5.5.2 所示电路可以由各个输出端输出在时间上有先后顺序的脉冲,因此也可作为顺序脉冲发生器。

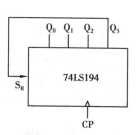

图 5.5.2　环形计数器

表 5.5.2　环形计数器状态表

CP	Q_0	Q_1	Q_2	Q_3
0	1	0	0	0
1	0	1	0	0
2	0	0	1	0
3	0	0	0	1

5.5.3　实验设备

数字电路实验箱	1 只
数字万用表	1 块

5.5.4　实验内容

1) 测试 74LS194 的逻辑功能

将清除端 R'_D、模式控制端 S_1S_0、串行数据输入端 S_LS_R、并行数据输入端 $D_0D_1D_2D_3$ 接逻辑电平控制开关,脉冲输入端 CP 接单次脉冲,数据输出端 $Q_0Q_1Q_2Q_3$ 从左至右依次接电平指示灯。根据表 5.5.3 中设置输入电平,再按单次脉冲,观察输出 $Q_0Q_1Q_2Q_3$ 的数据,并把测试结果记录于表 5.5.3 中并总结其功能。

表 5.5.3　74LS194 逻辑功能测试记录表

清除	模 式		时 钟	串 行		数据输入	输 出	功能总结
R'_D	S_1	S_0	CP	S_L	S_R	$D_0D_1D_2D_3$	$Q_0Q_1Q_2Q_3$	
0	×	×	×	×	×	××××		
1	1	1	↑	×	×	0110		
1	0	1	↑	×	0	××××		
1	0	1	↑	×	1	××××		
1	0	1	↑	×	0	××××		
1	0	1	↑	×	0	××××		
1	1	0	↑	1	×	××××		
1	1	0	↑	1	×	××××		
1	1	0	↑	1	×	××××		
1	1	0	↑	1	×	××××		
1	0	0	↑	×	×	××××		

2）环形计数器

仿照图 5.5.2 所示接线，实现左移循环计数，画出电路图并搭接电路，初始状态由 S_1S_0 送数功能来设置。观察寄存器输出状态的变化，记入表 5.5.4 中。

表 5.5.4　环形计数器实验记录表

CP	Q_0	Q_1	Q_2	Q_3
0	0	1	0	0
1				
2				
3				
4				

3）移位寄存器的扩展

将双向四位移位寄存器扩展成八位移位寄存器，如图 5.5.3 所示。仿照 74LS194 逻辑功能的测试方法进行测试，并在此基础上实现八位右移循环计数。

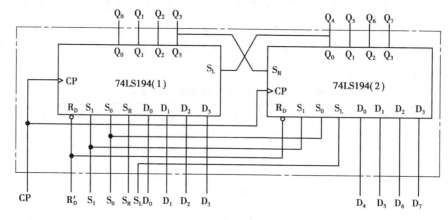

图 5.5.3　扩展后的移位寄存器

5.5.5　预习要求及思考题

①在对 74LS194 进行送数后，若要使输出端改成另外的数据，是否一定要使寄存器清零？
②使寄存器 74LS194 循环左移，应怎样接线？
③将两片 74LS194 扩展为八位双向移位寄存器，应怎样接线？
④若将 74LS194 输出端接入发光二极管，观察二极管的亮灭，分析原因？

5.5.6　实验报告

①分析表 5.5.3 的实验结果，总结移位寄存器 74LS194 的逻辑功能并写入表格功能总结一栏中。
②根据实验内容 2）的结果，画出四位环形计数器的状态转换图及波形图。
③根据试验内容 3）的结果，总结八位移位寄存器的逻辑功能，如何实现左移、右移？

5.6 555 多谐振荡器

5.6.1 实验目的

①熟悉 555 型集成时基电路结构、工作原理及其特点。
②掌握 555 型集成时基电路的基本应用。

5.6.2 实验原理

集成时基电路又称为集成定时器或 555 电路,是一种数字、模拟混合型的中规模集成电路,应用十分广泛。它是一种产生时间延迟和多种脉冲信号的电路,由于内部电压标准使用了 3 个 5 kΩ 电阻,故取名 555 电路。其电路类型有双极型和 CMOS 型两大类,两者的结构与工作原理类似。几乎所有的双极型产品型号最后的三位数码都是 555 或 556;所有的 CMOS 产品型号最后四位数码都是 7555 或 7556,两者的逻辑功能和引脚排列完全相同,易于互换。555 和 7555 是单定时器,556 和 7556 是双定时器。双极型的电源电压 $V_{CC} = +5 \sim +15$ V,输出的最大电流可达 200 mA,CMOS 型的电源电压为 $+3 \sim +18$ V。

1)555 电路的工作原理

555 电路的内部电路方框图如图 5.6.1 所示。它含有两个电压比较器,一个基本 RS 触发器,一个放电开关管 T_D。比较器的参考电压由 3 只 5 kΩ 的电阻器构成的分压器提供,它们分别使高电平比较器 A_1 的同相输入端和低电平比较器 A_2 的反相输入端的参考电平为 $\frac{2}{3}V_{CC}$ 和 $\frac{1}{3}V_{CC}$。A_1 和 A_2 的输出端控制 RS 触发器状态和放电管开关状态。当输入信号自 6 脚,即高电平触发输入并超过参考电平 $\frac{2}{3}V_{CC}$ 时,触发器复位,555 的输出端 3 脚输出低电平,同时放电开关管导通;当输入信号自 2 脚输入并低于 $\frac{1}{3}V_{CC}$ 时,触发器置位,555 的 3 脚输出高电平,同时放电开关管截止。

$\overline{R_D}$ 是复位端(4 脚),当 $\overline{R_D} = 0$ 时,555 输出低电平。平时 $\overline{R_D}$ 端开路或接 V_{CC}。

V_C 是控制电压端(5 脚),平时输出 $\frac{2}{3}V_{CC}$ 作为比较器 A_1 的参考电平,当 5 脚外接一个输入电压,即改变了比较器的参考电平,从而实现对输出的另一种控制,在不接外加电压时,通常接一个 0.01 μF 的电容器到地,起滤波作用,以消除外来的干扰,确保参考电平的稳定。

T 为放电管,当 T 导通时,将给接于 7 脚的电容器提供低阻放电通路。

555 定时器主要是与电阻、电容构成放电电路,并由两个比较器来检测电容器上的电压,以确定输出电平的高低和放电开关管的通断。这就很方便地构成从微秒到数十分钟的延时电路,可方便地构成单稳态触发器,多谐振荡器,施密特触发器等脉冲产生或波形变换电路。

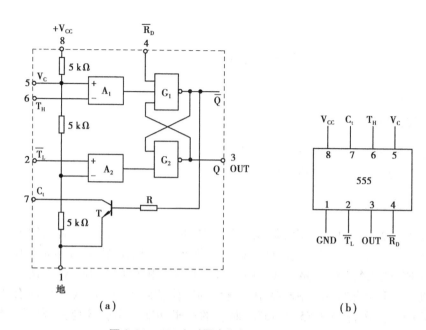

图 5.6.1 555 定时器内部框图及引脚排列

2)555 定时器的典型应用

(1)单稳态触发器

如图 5.6.2(a)所示为定时器和外接定时元件 R,C 构成的单稳态触发器。触发电路由 C_1,
R_1,D 构成,其中 D 为钳位二极管,稳态时 555 电路输入端处于电源电平,内部放电开关管 T 导
通,输出端 F 输出低电平,当有一个外部负脉冲触发信号经 C_1 加到 2 端。并使 2 端电位瞬时
低于 $\frac{1}{3}V_{CC}$,低电平比较器动作,单稳态电路即开始一个暂态过程,电容 C 开始充电,V_C 按指数
规律增长。当 V_C 充电到 $\frac{2}{3}V_{CC}$ 时,高电平比较器工作,比较器 A_1 翻转,输出 U_o 从高电平返回
低电平,放电开关管 T 重新导通,电容 C 上的电荷很快经放电开关管放电,暂态结束,恢复稳
态,为下一个触发脉冲的来到作好准备。波形图如图 5.6.2(b)所示。

暂稳态的持续时间 t_w(即为延时时间)决定于外接 R,C 值的大小。

$$t_w = 1.1RC \tag{5.6.1}$$

通过改变 R,C 的大小,可使延时时间在几个微秒到几十分钟之间变化。当这种单稳态电路
作为计时器时,可直接驱动小型继电器,并可以使用复位端(4 脚)接地的方法来中断暂态,重新
计时。此外尚须用一个续流二极管与继电器线圈并接,以防继电器线圈反电势损坏内部功率管。

(2)多谐振荡器

如图 5.6.3(a)所示,由 555 定时器和外接元件 R_1,R_2,C 构成多谐振荡器,脚 2 与脚 6 直接
相连。电路没有稳态,仅存在两个暂稳态,电路也不需要外加触发信号,利用电源通过 R_1,R_2
向 C 充电,以及 C 通过 R_2 向放电端 C_1 放电,使电路产生振荡。电容 C 在 $\frac{1}{3}V_{CC}$ 和 $\frac{2}{3}V_{CC}$ 之间
充电和放电,其波形如图 5.6.3(b)所示。输出信号的时间参数是

$$T = t_{w1} + t_{w2}, \qquad t_{w1} = 0.7(R_1 + R_2)C, \qquad t_{w2} = 0.7R_2C$$

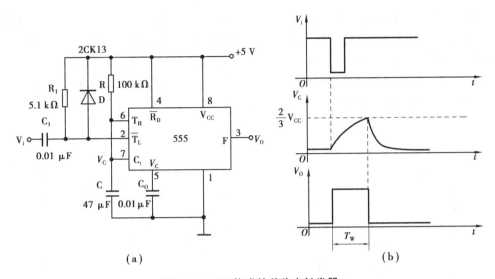

图 5.6.2　555 构成的单稳态触发器

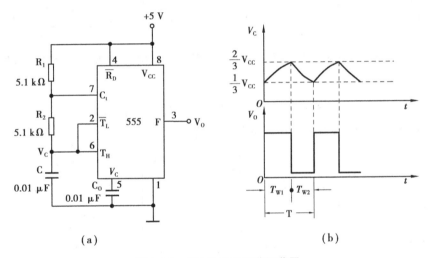

图 5.6.3　555 构成的多谐振荡器

555 电路要求 R_1 与 R_2 均应大于或等于 1 kΩ,但 R_1+R_2 应小于或等于 3.3 MΩ。

外部元件的稳定性决定了多谐振荡器的稳定性,555 定时器配以少量的元件即可获得较高精度的振荡频率和具有较强的功率输出能力。因此这种形式的多谐振荡器应用很广。

(3)占空比可调的多谐振荡器

占空比可调的多谐振荡器电路如图 5.6.4 所示,它比图 5.6.3 电路增加了一个电位器和两个导引二极管。D_1,D_2 用来决定电容充、放电电流流经电阻的途径(充电时 D_1 导通,D_2 截止;放电时 D_2 导通,D_1 截止)。

$$占空比\quad P = \frac{t_{w1}}{t_{w1}+t_{w2}} \approx \frac{0.7R_AC}{0.7(R_A+R_B)C} = \frac{R_A}{R_A+R_B}$$

可见,若取 $R_A = R_B$,电路即可输出占空比为 50% 的方波信号。

(4)占空比与频率均可调的多谐振荡器

占空比与频率均可调的多谐振荡器电路如图 5.6.5 所示。对 C_1 充电时,充电电流通过

R_1，D_1，R_{W2} 和 R_{W1}；放电时通过 R_{W1}，R_{W2}，D_2，R_2。当 $R_1=R_2$、R_{W2} 调至中心点，因充放电时间基本相等，其占空比约为 50%，此时调节 R_{W1} 仅改变频率，占空比不变。如 R_{W2} 调至偏离中心点，再调节 R_{W1}，不仅振荡频率改变，而且对占空比也有影响。R_{W1} 不变，调节 R_{W2} 仅改变占空比，对频率无影响。因此，当接通电源后，应首先调节 R_{W1} 使频率至规定值，再调节 R_{W2}，以获得需要的占空比。若频率调节的范围比较大，还可以用波段开关改变 C_1 的值。

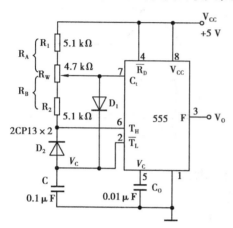

图 5.6.4　占空比可调的多谐振荡器

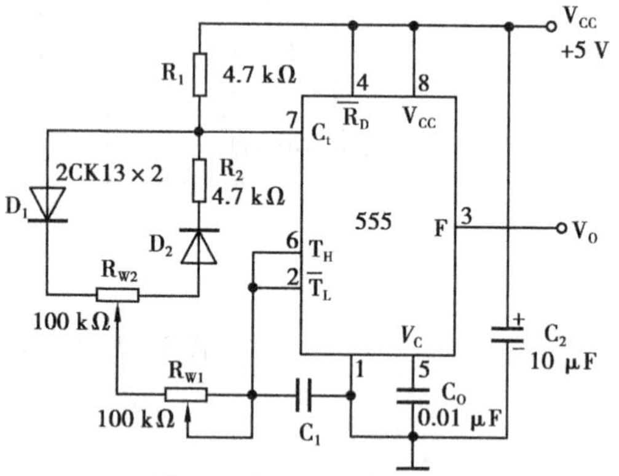

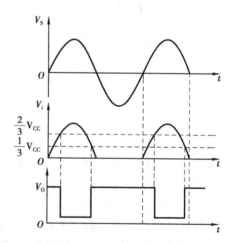

图 5.6.5　占空比与频率均可调的多谐振荡器

（5）施密特触发器

斯密特触发器电路如图 5.6.6 所示，只要将脚 2,6 连在一起作为信号输入端，即得到施密特触发器。如图 5.6.7 所示出了 U_s，U_i 和 U_o 的波形图。

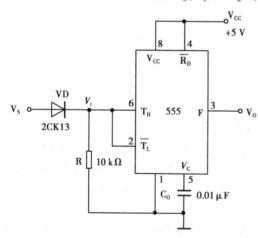

图 5.6.6　555 构成的施密特触发器

图 5.6.7　波形变换图

设被整形变换的电压为正弦波 U_s，其正半波通过二极管 VD 同时加到 555 定时器的 2 脚和 6 脚，得 U_i 为半波整流波形。当 U_i 上升到 $\frac{2}{3}V_{CC}$ 时，U_o 从高电平变为低电平；当 U_i 下降到 $\frac{1}{3}V_{CC}$ 时，U_o 又从低电平翻转为高电平。电路的电压传输特性曲线如图 5.6.8 所示。

回差电压 $\Delta U = \dfrac{2}{3}V_{CC} - \dfrac{1}{3}V_{CC} = \dfrac{1}{3}V_{CC}$。

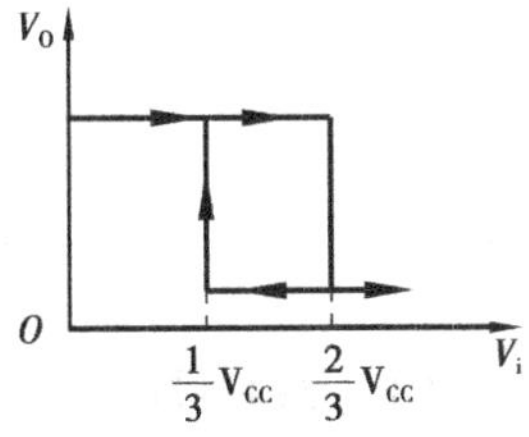

图 5.6.8　电压传输特性

5.6.3　实验设备

数字电路实验箱	1 只
双踪示波器	1 台
数字万用表	1 块

5.6.4　实验内容

1) 单稳态触发器

①按图 5.6.2 所示连线,取 $R = 100$ kΩ,$C = 47$ μF,输入信号 u_i 由单次脉冲源提供,用双踪示波器观察 u_i,u_c,u_o 波形,测量幅度与暂稳态时间。

②将 R 改为 1 kΩ,C 改为 0.1 μF,输入端加 1 kHz 的连续脉冲,观测波形 u_i,u_c,u_o,测量幅度与暂稳态时间。

2) 多谐振荡器

①按图 5.6.3 所示接线,用双踪示波器观测 u_c 与 u_o 的波形,测定频率。

②按图 5.6.4 所示接线,组成占空比为 50% 的方波信号发生器。观测 u_c 与 u_o 的波形,测量波形参数。

③按图 5.6.5 所示接线,通过调节 R_{W1} 和 R_{W2} 来观察输出波形。

3) 施密特触发器

根据图 5.6.6 所示,自拟实验方案、实验步骤和测试方法,测试电压传输特性,并根据实验结果描述电压传输特性,并计算回差电压。

5.6.5　预习要求及思考题

①复习有关 555 定时器的工作原理及其应用。

②拟订实验中所需的数据、表格等。

③如何用示波器测量施密特触发器的电压传输特性曲线?

④拟订各次实验的步骤和方法。

⑤在单稳态触发器实验中,二极管 VD 的作用是什么?

⑥如图 5.6.5 所示中的充电支路和放电支路分别是哪条支路,包括哪些元件? 根据充电支路和放电支路拟出 t_{W1} 和 t_{W2} 的计算公式。

⑦在施密特触发器实验中,如果 V_{CC} 为 5 V,根据理论计算,回差电压为多少?

5.6.6　实验报告

①定量画出实验所要求记录的各点波形。

②整理实验数据,分析实验结果与理论计算结果的差异,进行分析讨论。

5.7　电子秒表

5.7.1　实验目的

①学习数字电路中基本 RS 触发器、单稳态触发器、时钟发生器及计数、译码显示等单元电路的综合应用。

②学习电子秒表的调试方法。

5.7.2　实验原理

如图 5.7.1 所示为电子秒表的电路原理图。按功能分成 4 个单元电路进行分析。

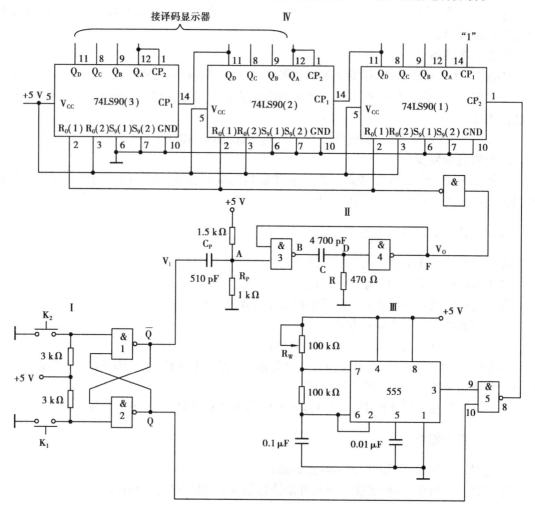

图 5.7.1　电子秒表原理图

1)**基本 RS 触发器**

如图 5.7.1 所示中单元Ⅰ为集成与非门构成的基本 RS 触发器,属低电平直接触发的触发器,有直接置位、复位的功能。它的一路输出 $\overline{Q}$ 作为单稳触发器的输入,另一路输出 Q 作为与非门5的输入控制信号。

按动按钮开关 K_2(接地),则门 $\overline{Q}=1$;门2输出 $Q=0$,K_2 复位后,Q,$\overline{Q}$ 状态保持不变。再按动按钮开关 K_1,则 Q 由0变为1,门5开启,为计数器启动作好准备。$\overline{Q}$ 由1变为0,送出负脉冲,启动单稳态触发器工作。

基本 RS 触发器在电子秒表中的功能是启动和停止秒表的工作。

2)**单稳态触发器**

如图 5.7.1 所示中单元Ⅱ为用集成与非门构成的微分型单稳态触发器,如图 5.7.2 所示为各点波形图。

单稳态触发器的输入触发负脉冲信号 u_i 由基本 RS 触发器 $\overline{Q}$ 端提供,输出负脉冲 u_0 通过非门加到计数器的清除端 R_0。

静态时,门4应处于截止状态,故电阻 R 必须小于门的关门电阻 R_{off}。定时元件 RC 取值不同,输出脉冲宽度也不同。当触发脉冲宽度小于输出脉冲宽度时,可以省去输入微分电路的 R_P 和 C_p。

单稳态触发器在电子秒表中的功能是为计数器提供清零信号。

3)**时钟发生器**

如图 5.7.1 所示中单元Ⅲ为用 555 定时器构成的多谐振荡器,是一种性能较好的时钟源。

调节电位器 R_w,在输出端3获得频率为 50 Hz 的矩形波信号,当基本 RS 触发器 $Q=1$ 时,门5开启,此时 50 Hz 脉冲信号通过门5作为计数脉冲加于计数器(1)的计数输入端 CP_2。

4)**计数及译码显示**

二-五-十进制加法计数器 74LS90 构成电子秒表的计数单元,如图 5.7.1 所示中单元Ⅳ所示。其中计数器(1)接成五进制形式,对频率为 50 Hz 的时钟脉冲进行五分频,在输出端 Q_0 取得周期为 0.1 s 的矩形脉冲,作为计数器(2)的时钟输入。计数器(2)及计数器(3)接成 8421 码十进制形式,其输出端与实验装置上译码显示单元的相应输入端连接,可显示 0.1~0.9 s;1~9.9 s 计时。

注:集成异步计数器 74LS90

74LS90 是异步二-五-十进制加法计数器,它既可以作为二进制加法计数器,又可以作五进制和十进制加法计数器。

如图 5.7.3 所示为 74LS90 引脚排列,表 5.7.1 为其功能表。通过不同的连接方式,74LS90 可以实现4种不同的逻辑功能,而且还可借助 $R_0(1)$,$R_0(2)$ 对计数器清零,借助 $S_9(1)$,$S_9(2)$ 将计数器置9。其具体功能详述如下:

①计数脉冲 CP_1 输入,Q_A 作为输出端,为二进制计数器。

②计数脉冲 CP_2 输入,$Q_D Q_C Q_B$ 作为输出端,为异步五进制计数器。

③若将 CP_2 和 Q_A 相连,计数脉冲由 CP_1 输入,Q_D,Q_C,Q_B,Q_A 作为输出端,则构成异步 8421 码十进制加法计数器。

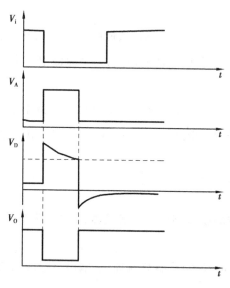

图 5.7.2　单稳态触发器波形图

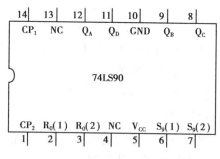

图 5.7.3　74LS90 引脚排列

④若将 CP_1 和 Q_D 相连,计数脉冲由 CP_2 输入, Q_A , Q_D , Q_C , Q_B 作为输出端,则构成异步5421 码十进制加法计数器。

⑤清零、置 9 功能。

a.异步清零。

若 $R_0(1)$, $R_0(2)$ 均为 **1**; $S_9(1)$, $S_9(2)$ 中有 **0** 时,实现异步清零功能, $Q_DQ_CQ_BQ_A = 0000$ 。

b.置 9 功能。

若 $S_9(1)$, $S_9(2)$ 均为 **1**; $R_0(1)$, $R_0(2)$ 中有 **0** 时,实现置 9 功能, $Q_DQ_CQ_BQ_A = 1001$ 。

表 5.7.1　74LS90 功能表

输　　入						输　　出				功　能
清 0		置 9		时　钟		Q_D	Q_C	Q_B	Q_A	
$R_0(1)$, $R_0(2)$		$S_9(1)$, $S_9(2)$		CP_1	CP_2					
1	1	0	×	×	×	0	0	0	0	清 0
		×	0							
0	×	1	1	×	×	1	0	0	1	置 9
×	0									
0	×	0	×	↓	1	Q_A 输出				二进制计数器
×	0	×	0	1	↓	$Q_DQ_CQ_B$ 输出				五进制计数器
				↓	Q_A	$Q_DQ_CQ_BQ_A$ 输出 8421BCD 码				十进制计数器
				Q_D	↓	$Q_AQ_DQ_CQ_B$ 输出 5421BCD 码				十进制计数器
				1		不变				保持

5.7.3　实验设备

数字电路实验箱　　　　　　　　　　　　　　　　　　　　　　　　1 只
双踪示波器　　　　　　　　　　　　　　　　　　　　　　　　　　1 台
数字万用表　　　　　　　　　　　　　　　　　　　　　　　　　　1 块

5.7.4　实验内容

由于实验电路中使用器件较多,实验前必须合理安排各器件在实验装置上的位置,使电路逻辑清楚,接线较短。

实验时,应按照实验任务的次序,将各单元电路逐个进行接线和调试,即分别测试基本 RS 触发器、单稳态触发器、时钟发生器及计数器的逻辑功能,待各单元电路工作正常后,再将有关电路逐级连接起来进行测试,直到测试电子秒表整个电路的功能。

这样的测试方法有利于检查和排除故障,保证实验顺利进行。

1) 基本 RS 触发器的测试

①取 74LS00 插入实验装置的 14 脚插座上,按如图 5.7.1 所示单元 I 连接测试电路。检查无误后,接通实验装置电源。

②将开关 K1,K2 同时闭合,测试输出 Q 和 $\overline{Q}$。

③将开关 K1 断开,开关 K2 闭合,测试输出 Q 和 $\overline{Q}$。

④将开关 K1 闭合,开关 K2 断开,测试输出 Q 和 $\overline{Q}$。

⑤将开关 K1 和 K2 同时断开,测试输出 Q 和 $\overline{Q}$。

2) 单稳触发器的测试

①静态测试

用直流数字电压表测量 A,B,D,F 各点电位值,记录之。

②动态测试

输入端 1 kHz 连续脉冲源,用示波器观察并描绘 D 点(U_D)、F 点(U_o)波形,若单稳输出脉冲持续时间太短,难以观察,可适当加大微分电容 C(如改为 0.1 μF)待测试完毕,再恢复 4 700 pF。

3) 时钟发生器的测试

用示波器观察输出电压波形并测量其频率,调节 R_W,使输出矩形波频率为 50 Hz。

4) 计数器的测试

①计数器(1)接成五进制形式,$R_0(1)$,$R_0(2)$,$S_9(1)$,$S_9(2)$ 接逻辑开关输出端口,CP_2 接单次脉冲源,CP_1 接高电平 1,$Q_D \sim Q_A$ 接实验设备上译码显示输入端 D,C,B,A,按表 5.7.1 测试其逻辑功能,记录之。

②计数器(2)及计数器(3)接成 8421 码十进制形式,同实验内容①进行逻辑功能测试。记录之。

③将计数器(1)、(2)、(3)级连,进行逻辑功能测试,记录之。

5) 电子秒表的整体测试

各单元电路测试正常后,按如图 5.7.1 所示把几个单元电路连接起来,进行电子秒表的总体测试。

先按一下按钮开关 K_2，此时电子秒表不工作，再按一下按钮开关 K_1，则计数器清零后便开始计时，观察数码管显示计数情况是否正常，如不需要计时或暂停计时，按一下开关 K_2，计时立即停止，但数码管保留所计时之值。

6) 电子秒表准确度的测试

利用电子钟或手表的秒计时对电子秒表进行校准。

5.7.5　预习要求及思考题

①复习数字电路中 RS 触发器、单稳态触发器、时钟发生器及计数器等部分内容。

②除了本实验内容中所采用的时钟源外，选用另外两种不同类型的时钟源，可供本实验用。画出电路图，选取元器件。

③列出电子秒表单元电路的测试表格。

④列出调试电子秒表的步骤。

⑤单稳触发器的静态测试和动态测试有何差异？

5.7.6　实验报告

①总结电子秒表整个测试过程。

②分析调试中发现的问题及故障排除方法。

第 **6** 章
仿真软件 Multisim 14 应用

6.1 Multisim 14 系统简介

Multisim 是美国国家仪器公司(NI,即 National Instruments)推出的用于仿真电路电子、电工电子的仿真软件。Multisim 14 用软件的方法虚拟电子与电工元器件,虚拟电子与电工仪器和仪表,实现了"软件即元器件""软件即仪器"功能。Multisim 14 是一个原理电路设计、电路功能测试的虚拟仿真软件。

Multisim 14 的元器件库提供数千种电路元器件供实验选用,同时也可以新建或扩充已有的元器件库,而且建库所需的元器件参数可以从生产厂商的产品使用手册中查到,因此在工程设计中使用。虚拟测试仪器仪表种类齐全,有一般实验用的通用仪器,如万用表、函数信号发生器、双踪示波器、直流电源,而且还有一般实验室少有或没有的仪器,如波特图示仪、字信号发生器、逻辑分析仪、逻辑转换器、失真仪、频谱分析仪和网络分析仪等。

Multisim 14 具有较为详细的电路分析功能,可以完成电路的瞬态分析和稳态分析、时域和频域分析、器件的线性和非线性分析、电路的噪声分析和失真分析、离散傅里叶分析、电路零极点分析、交直流灵敏度分析等电路分析方法,帮助设计人员分析电路的性能。

Multisim 14 可以设计、测试和演示各种电子电路,包括电工学、模拟电路、数字、电路、射频电路及微控制器和接口电路等,可以对被仿真的电路中的元器件设置各种故障,如开路、短路和不同程度的漏电等,观察不同故障情况下的电路工作状况。在进行仿真的同时,软件还可以存储测试点的所有数据,列出被仿真电路的所有元器件清单,以及存储测试仪器的工作状态、显示波形和具体数据等。

Multisim 14 易学易用,便于电子信息、通信工程、自动化、电气控制类专业学生自学,便于开展综合性的设计和实验,有利于培养学生综合分析问题的能力以及开发和创新的能力。

6.1.1 Multisim 的基本界面

1)Multisim 的主窗口

点击"开始"—"程序"—"National Instruments"—"Circuit Design Suite 14.0"—"multisim",

启动 multisim 14,可以看到如图 6.1.1 所示的 Multisim 的主窗口。

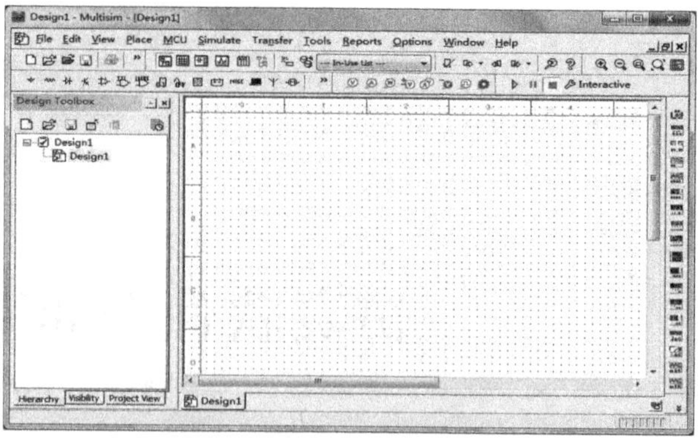

图 6.1.1　Multisim 主窗口

Multisim 的主窗口如同一个实际的电子实验台。屏幕中央区域最大的窗口就是电路工作区,在电路工作区上可将各种电子元器件和测试仪器仪表连接成实验电路。电路工作窗口上方是菜单栏、工具栏。从菜单栏可以选择电路连接、实验所需的各种命令。工具栏包含了常用的操作命令按钮。通过鼠标操作即可方便地使用各种命令和实验设备。电路工作窗口两边是元器件栏和仪器仪表栏。元器件栏存放着各种电子元器件,仪器仪表栏存放着各种测试仪器仪表,用鼠标可以很方便地从元器件和仪器库中,提取实验所需的各种元器件及仪器仪表到电路工作窗口连接成实验电路。按下电路工作窗口上方的"启动/停止"开关或"暂停/恢复"按钮可以方便地控制实验的进程。

2)Multisim **菜单栏**

Multisim 14 有 12 个主菜单,如图 6.1.2 所示,菜单中提供了本软件几乎所有的功能命令。

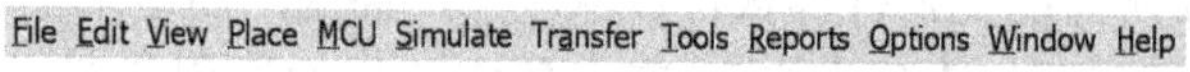

File Edit View Place MCU Simulate Transfer Tools Reports Options Window Help

图 6.1.2　Multisim **菜单按钮**

File(文件)菜单提供 17 个文件操作命令,如新建、打开、保存和打印等。

Edit(编辑)菜单在电路绘制过程中,提供对电路和元件进行剪切、粘贴、旋转等操作命令,共 23 个命令。

View(窗口显示)菜单提供 22 个用于控制仿真界面上显示的内容的操作命令。

Place(放置)菜单提供在电路工作窗口内放置元件、连接点、总线和文字等 18 个命令。

MCU 菜单提供在电路工作窗口内 MCU 的调试操作命令。

Simulate(仿真)菜单提供 18 个电路仿真设置与操作命令。

Transfer(文件输出)菜单提供 6 个传输命令。

Tools(工具)菜单提供 18 个元件和电路编辑或管理命令。

Reports(报告)菜单提供材料清单等 6 个报告命令。

Options(选项)菜单提供 4 个电路界面和电路某些功能的设定命令。

Windows(窗口)菜单提供 7 个窗口操作命令。

Help(帮助)菜单为用户提供在线技术帮助和使用指导。

3)Multisim **的元器件库**

Multisim 14 提供了丰富的元器件库,元器件库栏图标和名称如图 6.1.3 所示。

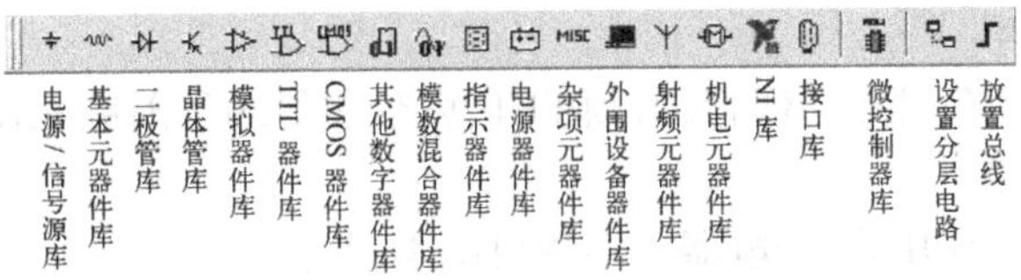

图 6.1.3 元器件库栏图标

用鼠标左键单击元器件库栏的某一个图标即可打开元件库。元器件库中的各个图标所表示的元器件含义如下：

（1）电源/信号源库

电源/信号源库包含有接地端、直流电压源（电池）、正弦交流电压源、方波（时钟）电压源、压控方波电压源等多种电源与信号源。

（2）基本器件库

基本器件库包含有电阻、电容等多种元件。基本器件库中的虚拟元器件的参数可以任意设置，非虚拟元器件的参数是固定的，但是可以选择。

（3）二极管库

二极管库包含有二极管、可控硅等多种器件。二极管库中的虚拟器件的参数可以任意设置，非虚拟元器件的参数是固定的，但是可以选择。

（4）晶体管库

晶体管库包含有晶体管、FET 等多种器件。晶体管库中的虚拟器件的参数可以任意设置，非虚拟元器件的参数是固定的，但是可以选择。

（5）模拟集成电路库

模拟集成电路库包含有多种运算放大器。模拟集成电路库中的虚拟器件的参数可以任意设置，非虚拟元器件的参数是固定的，但是可以选择。

（6）TTL 数字集成电路库

TTL 数字集成电路库包含有 74×× 系列和 74LS×× 系列等 74 系列数字电路器件。

（7）CMOS 数字集成电路库

CMOS 数字集成电路库包含有 40×× 系列和 74HC×× 系列多种 CMOS 数字集成电路系列器件。

（8）数字器件库

数字器件库包含有 DSP，FPGA，CPLD，VHDL 等多种器件。

（9）数模混合集成电路库

数模混合集成电路库包含有 ADC/DAC，555 定时器等多种数模混合集成电路器件。

（10）指示器件库

指示器件库包含有电压表、电流表、七段数码管等多种器件。

（11）电源器件库

电源器件库包含有三端稳压器、PWM 控制器等多种电源器件。

（12）其他元器件库

其他元器件库包含有晶体、滤波器等多种器件。

（13）外围设备器件库

外围设备器件库包含有键盘、LCD 等多种器件。

（14）射频元器件库

射频元器件库包含有射频晶体管、射频 FET、微带线等多种射频元器件。

（15）机电类器件库

机电类器件库包含有开关、继电器等多种机电类器件。

（16）NI 库

NI 库含有 NI 定制的 M_SERIES_DAQ（NI 定制 DAQ 板 M 系列串口）、sbRIO（NI 定制可配置输入输出的单板连接器）和 cRIO（NI 定制可配置输入输出紧凑型板连接器）等 9 种系列元器件。

（17）接口库

接口库包含各种行业标准接口，包括 USB 接口、D 型 9 针串口等器件。

（18）微控制器库

微控制器件库包含有 8051,PIC 等多种微控制器。

6.1.2　Multisim 的基本操作

1）文件（File）基本操作

与 Windows 一样，用户可以用鼠标或快捷键打开 Multisim 的 File 菜单。使用鼠标可按以下步骤打开 File 菜单：

①将鼠标器指针指向主菜单 File 项。

②单击鼠标左键，此时，屏幕上出现 File 子菜单。

Multisim 的大部分功能菜单也可以采用相应的快捷键进行快速操作。

（1）新建（File—New）——Ctrl+N

用鼠标单击 File—New 选项或用 Ctrl+N 快捷键操作，打开一个无标题的电路窗口，可用它来创建一个新的电路。当启动 Multisim 时，将自动打开一个新的无标题的电路窗口。在关闭当前电路窗口前将提示是否保存它。用鼠标单击工具栏中的"新建"图标，等价于此项菜单操作。

（2）打开（File—Open）——Ctrl+O

用鼠标单击 File—Open 选项或用 Ctrl+O 操作，打开一个标准的文件对话框，选择所需要的存放文件的驱动器/文件目录或磁盘/文件夹，从中选择电路文件名用鼠标单击，则该电路便显示在电路工作窗口中。用鼠标单击工具栏中的"打开"图标，等价于此项菜单操作。

（3）关闭（File—Close）

用鼠标单击 File—Close 选项，关闭电路工作区内的文件。

（4）保存（File—Save）——Ctrl+S

用鼠标单击 File—Save 选项或用 Ctrl+S 操作，以电路文件形式保存当前电路工作窗口中的电路。对新电路文件保存操作，会显示一个标准的保存文件对话框，选择保存当前电路文件的目录/驱动器或文件夹/磁盘，键入文件名，按下保存按钮即可将该电路文件保存。用鼠标单击工具栏中的"保存"图标，等价于此项菜单操作。

（5）文件换名保存（File—Save As）

用鼠标单击 File—Save As 选项，可将当前电路文件换名保存，新文件名及保存目录/驱动器均可选择。原存放的电路文件仍保持不变。

（6）打印（File—Print）——Ctrl+P

用鼠标单击 File—Print 选项或用 Ctrl+P 操作，将当前电路工作窗口中的电路及测试仪器进行打印操作。必要时,在进行打印操作之前应完成打印设置工作。

2)编辑(Edit)的基本操作

Multisim 用来控制电路及元器件的菜单。菜单中:

(1)顺时针旋转(Edit—Orientation—90 Clockwise)——Ctrl+R

用鼠标单击 Edit—Orientation—90 Clockwise 选项或进行 Ctrl+R 操作,将所选择的元器件顺时针旋转 90°,与元器件相关的文本,例如标号、数值和模型信息可能重置,但不会旋转。

(2)逆时针旋转(Edit—Orientation—90 Counter CW)——Shift+Ctrl+R

用鼠标单击 Edit—Orientation—90 Counter CW 选项或进行 Shift+Ctrl+R 操作,将所选择的元器件逆时针旋转 90°,与元器件相关的文本,例如标号、数值和模型信息可能重置,但不会旋转。

(3)水平反转(Edit—Orientation—Flip Horizontal)

用鼠标单击 Edit—Orientation—Flip Horizontal 选项,将所选元器件以纵轴为轴翻转 180°,与元器件相关的文本,例如标号、数值和模型信息可能重置,但不会旋转。

(4)垂直反转(Edit—Orientation—Flip Vertical)

用鼠标单击 Edit—Orientation—Flip Vertical 选项,将所选元器件以横轴为轴翻转 180°,与元器件相关的文本,例如标号、数值和模型信息可能重置,但不会翻转。

(5)元件属性(Edit—Properties)——Ctrl+M

选中元器件,用鼠标单击 Edit—Properties 选项或进行 Ctrl+M 操作,弹出该元器件的特性对话框。也可以用鼠标器双击所选元器件。其对话框中的选项与所选的元器件类型有关。使用该对话框,可对元器件的标签、编号、数值、模型参数等进行设置与修改。

3)元器件的应用

(1)元器件的选用

选择元器件时,首先在元器件库栏中用鼠标点击包含该元器件的图标,打开该元器件库。然后从选择的元器件库对话框中(如图 6.1.4 所示电阻元件库对话框),用鼠标点击该元器件,最后点击"OK"即可,或用鼠标拖曳该元器件到电路工作区的适当地方。

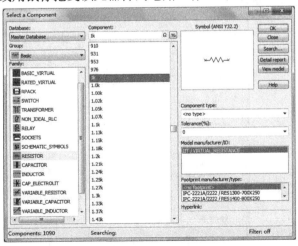

图 6.1.4　元件选择框图

（2）元器件的选中

在连接电路时,要对元器件进行移动、旋转、删除、设置参数等操作。这就需要先选中该元器件。要选中某个元器件可使用鼠标的左键单击该元器件。被选中的元器件的四周出现4个黑色小方块(电路工作区为白底),便于识别。对选中的元器件可以进行移动、旋转、删除、设置参数等操作。用鼠标拖曳形成一个矩形区域,可以同时选中在该矩形区域内包围的一组元器件。要取消某一个元器件的选中状态,只需单击电路工作区的空白部分即可。

（3）元器件的移动

用鼠标的左键点击该元器件(不松开左键),拖曳该元器件即可移动该元器件。要移动一组元器件,必须先用前述的矩形区域方法选中这些元器件,然后用鼠标左键拖曳其中的任意一个元器件,则所有选中的部分就会一起移动。元器件被移动后,与其相连接的导线就会自动重新排列。选中元器件后,也可使用箭头键使之作微小的移动。

（4）元器件的旋转与反转

对元器件进行旋转或反转操作,需要先选中该元器件,然后单击鼠标右键或者选择菜单Edit,选择菜单中的 Flip Horizontal(将所选择的元器件左右旋转)、Flip Vertical(将所选择的元器件上下旋转)、90 Clockwise(将所选择的元器件顺时针旋转90°)、90 Counter CW(将所选择的元器件逆时针旋转90°)等菜单栏中的命令。也可使用 Ctrl 键实现旋转操作。

（5）元器件的复制、删除

对选中的元器件,进行元器件的复制、移动、删除等操作,可以单击鼠标右键或者使用菜单Edit—Cut(剪切)、Edit—Copy(复制)和 Edit—Paste(粘贴)、Edit—Delete(删除)等菜单命令实现元器件的复制、移动、删除等操作。

（6）元器件标号、数值、模型参数的设置

在选中元器件后,双击该元器件,或者选择菜单命令 Edit—Properties(元器件特性)会弹出相关的对话框,可供输入数据。器件特性对话框具有多种选项可供设置,包括 Label(标志)、Display(显示)、Value(数值)、Fault(故障设置)、Pins(引脚端)、Variant(变量)等内容。电阻元件属性对话框如图6.1.5所示。

图6.1.5 电阻元件属性对话框图

①Label(标志)

Label(标志)选项对话框用于设置元器件的 Label(标志)和 RefDes(编号)。

RefDes(编号)由系统自动分配,必要时可以修改,但必须保证编号的唯一性。注意连接点、接地等元器件没有编号。在电路图上是否显示标志和编号可由 Options 菜单中的 Global Preferences(设置操作环境)的对话框设置。

②Display(显示)

Display(显示)选项用于设置 Label,RefDes 的显示方式。该对话框的设置与 Options 菜单中的 Global Preferences(设置操作环境)的对话框设置有关。如果遵循电路图选项的设置,则 Label,RefDes 的显示方式由电路图选项的设置决定。

③Value(数值)

点击 Value(数值)选项,出现 Value(数值)选项对话框。

④Fault(故障)

Fault(故障)选项可供人为设置元器件的隐含故障。例如,在三极管的故障设置对话框中,E,B,C 为与故障设置有关的引脚号,对话框提供 Leakage(漏电)、Short(短路)、Open(开路)、None(无故障)等设置。如果选择 Open(开路)设置,设置引脚 E 和引脚 B 为 Open(开路)状态,尽管该三极管仍连接在电路中,但实际上隐含了开路的故障。这可以为电路的故障分析提供方便。

⑤改变元器件的颜色

在复杂的电路中,可以将元器件设置为不同的颜色。要改变元器件的颜色,用鼠标指向该元器件,点击右键可以出现菜单,选择 Change Color 选项,出现颜色选择框,然后选择合适的颜色即可。

4)导线的操作

(1)导线的连接

在两个元器件之间,首先将鼠标指向一个元器件的端点使其出现一个小圆点,按下鼠标左键并拖曳出一根导线,拉住导线并指向另一个元器件的端点使其出现小圆点,释放鼠标左键,则完成导线连接。连接完成后,导线将自动选择合适的走向,不会与其他元器件或仪器发生交叉。

(2)连线的删除与改动

将鼠标指向元器件与导线的连接点使其出现一个圆点,按下左键拖曳该圆点使导线离开元器件端点,释放左键,导线自动消失,完成连线的删除。也可以将拖曳移开的导线连至另一个连接点,实现连线的改动。

(3)改变导线的颜色

在复杂的电路中,可以将导线设置成不同的颜色。要改变导线的颜色,用鼠标指向该导线,点击右键出现菜单,选择 Change Color 选项,出现颜色选择框,然后选择合适的颜色即可。

(4)在导线中插入元器件

将元器件直接拖曳放置在导线上,然后释放即可在电路中插入元器件。

(5)从电路中删除元器件

选中该元器件,按下 Edit—Delete 即可,或者单击右键出现菜单,选择 Delete。

（6）"连接点"的使用

"连接点"是一个小圆点，单击 Place Junction 可以放置节点。一个"连接点"最多可以连接来自 4 个方向的导线。可以直接将"连接点"插入连线中。

（7）节点编号

在连接电路时，Multisim 自动为每个节点分配一个编号。是否显示连接线的节点编号可由 Options—Sheet Properties 对话框的 Circuit 选项设置。选择 RefDes 选项，可以选择是否显示连接线的节点编号。

5）**创建子电路**（Place—New Subcircuit）

子电路是由用户自己定义的一个电路（相当于一个电路模块），可存放在自定义元器件库中供电路设计时反复调用。利用子电路可使大型的、复杂系统的设计模块化、层次化，从而提高设计效率与设计文档的简洁性、可读性，实现设计的重用，缩短产品的开发周期。Place 操作中的子电路（New Subcircuit）菜单选项，可以用来生成一个子电路。子电路的创建步骤如下：

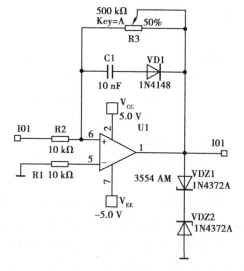

图 6.1.6 波形变换电路图

①在电路工作区连接好一个电路，如图 6.1.6 所示的一个波形变换电路。

②用拖框操作（按住鼠标左键，拖动）将电路选中，这时框内元器件全部选中。用鼠标器单击 Place—Replace by Subcircuit 菜单选项，即出现子电路对话框，如图 6.1.7 所示。

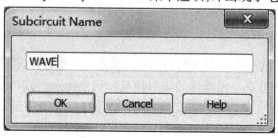

图 6.1.7 子电路对话框图

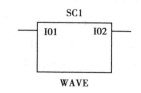

图 6.1.8 子电路图标

③输入电路名称后，用鼠标单击"OK"选项，生成一个子电路图标，如图 6.1.8 所示。

④用鼠标单击 File—Save 选项或用 Ctrl+S 操作，可以保存生成的子电路。用鼠标单击 File—Save As 选项，可将当前子电路文件换名保存。

6.1.3 仪器仪表的使用

1）仪器仪表的基本操作

Multisim 的仪器库存放有数字多用表、函数信号发生器、示波器、波特图示仪、字信号发生器、逻辑分析仪、逻辑转换仪、瓦特表、失真度分析仪、网络分析仪、频谱分析仪等多种仪器仪表，仪器仪表以图标方式存在，每种类型有多台。

(1)仪器的选用与连接

①仪器选用

从仪器库中将所选用的仪器图标,用鼠标将它"拖放"到电路工作区即可,类似元器件的拖放。

②仪器连接

将仪器图标上的连接端(接线柱)与相应电路的连接点相连,连线过程类似元器件的连线。

(2)仪器参数的设置

①设置仪器仪表参数

双击仪器图标打开仪器面板,用鼠标操作仪器面板上相应按钮及参数设置对话窗口的设置数据。

②改变仪器仪表参数

在测量或观察过程中,可以根据测量或观察结果来改变仪器仪表参数的设置,如示波器、逻辑分析仪等。

2)常用仪器仪表介绍

(1)数字多用表(Multimeter)

数字多用表是一种可以用来测量交直流电压、交直流电流、电阻及电路中两点之间的分贝损耗,自动调整量程的数字显示的多用表。用鼠标双击数字多用表图标,可以放大数字多用表面板,如图 6.1.9 所示。用鼠标单击数字多用表面板上的设置(Settings)按钮,则弹出参数设置对话框窗口,可以设置数字多用表的电流表内阻、电压表内阻、欧姆表电流及测量范围等参数。参数设置对话框如图 6.1.10 所示。

图 6.1.9　数字多用表

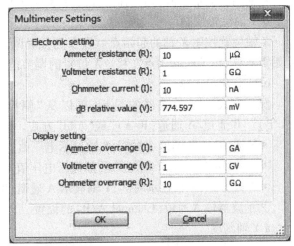

图 6.1.10　参数设置对话框图

(2)函数信号发生器

函数信号发生器是可以提供正弦波、三角波、方波 3 种不同波形的信号的电压信号源。用鼠标双击函数信号发生器图标,可以放大函数信号发生器的面板。函数信号发生器的面板如图 6.1.11所示。函数信号发生器其输出波形、工作频率、占空比、幅度和直流偏置,可用鼠标来选择波形选择按钮和在各窗口设置相应的参数来实现。频率设置范围为 1 fHz~1 000 THz；占空比调整值可从 1%~99%；幅度设置范围为 1 fV$_p$~1 000 TV$_p$；偏移设置范围为–1 000~1 000 TV。

（3）示波器（Oscilloscope）

示波器是用来显示电信号波形的形状、大小、频率等参数的仪器。用鼠标双击示波器图标，放大的面板图如图 6.1.12 所示。示波器面板各按键的作用、调整及参数的设置与实际的示波器类似。

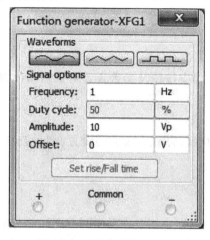

图 6.1.11　函数信号发生器

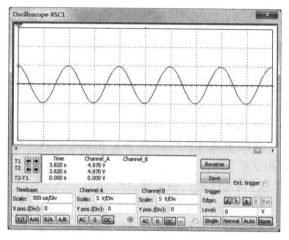

图 6.1.12　双通道示波器

①时基（Time base）控制部分的调整

a.时间基准

X 轴刻度显示示波器的时间基准，其基准为 0.1 fs/Div~1 000 Ts/Div 可供选择。

b.X 轴位置控制

X 轴位置控制 X 轴的起始点。当 X 的位置调到 0 时，信号从显示器的左边缘开始，正值使起始点右移，负值使起始点左移。X 位置的调节范围从–5.00~+5.00。

c.显示方式选择

显示方式选择示波器的显示，可以从"幅度/时间（Y/T）"切换到"A 通道/B 通道中（A/B）""B 通道/A 通道（B/A）"或"Add"方式。

- Y/T 方式：X 轴显示时间，Y 轴显示电压值。
- A/B,B/A 方式：X 轴与 Y 轴都显示电压值。
- Add 方式：X 轴显示时间，Y 轴显示 A 通道、B 通道的输入电压之和。

②示波器输入通道（Channel A/B）的设置

a.Y 轴刻度

Y 轴电压刻度范围为 1 fV/Div~1 000 TV/Div，可以根据输入信号大小来选择 Y 轴刻度值的大小，使信号波形在示波器显示屏上显示出合适的幅度。

b.Y 轴位置（Y position）

Y 轴位置控制 Y 轴的起始点。当 Y 的位置调到 0 时，Y 轴的起始点与 X 轴重合，如果将 Y 轴位置增加到 1.00，Y 轴原点位置从 X 轴向上移一大格，若将 Y 轴位置减小–1.00，Y 轴原点位置从 X 轴向下移一大格。Y 轴位置的调节范围从–3.00~+3.00。改变 A,B 通道的 Y 轴位置有助于比较或分辨两通道的波形。

c.Y 轴输入方式

Y 轴输入方式即信号输入的耦合方式。当用 AC 耦合时,示波器显示信号的交流分量。当用 DC 耦合时,显示的是信号的 AC 和 DC 分量之和。当用 0 耦合时,在 Y 轴设置的原点位置显示一条水平直线。

③触发方式(Trigger)调整

a.触发信号选择

触发信号一般选择自动触发(Auto)。选择"A"或"B",则用相应通道的信号作为触发信号。选择"EXT",则由外触发输入信号触发。选择"Sing"为单脉冲触发。选择"Nor"为一般脉冲触发。

b.触发沿(Edge)选择:触发沿(Edge)可选择上升沿或下降沿触发。

c.触发电平(Level)选择:触发电平(Level)选择触发电平范围。

④示波器显示波形读数

要显示波形读数的精确值时,可用鼠标将垂直光标拖到需要读取数据的位置。显示屏幕下方的方框内,显示光标与波形垂直相交点处的时间和电压值,以及两光标位置之间的时间、电压的差值。用鼠标单击"Reverse"按钮可改变示波器屏幕的背景颜色。用鼠标单击"Save"按钮可按 ASCII 码格式存储波形读数。

(4)字信号发生器(Word Generator)

字信号发生器是能产生 16 路(位)同步逻辑信号的一个多路逻辑信号源,用于对数字逻辑电路进行测试。用鼠标双击字信号发生器图标,放大的字信号发生器图标如图 6.1.13 所示。

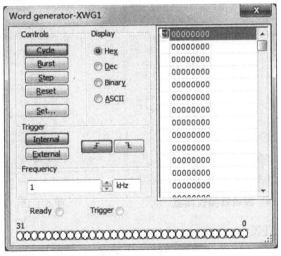

图 6.1.13　字信号发生器

在字信号编辑区,32bit 的字信号以 8 位十六进制数编辑和存放,可以存放 1 024 条字信号,地址编号为 0000~03FF。

字信号输入操作:将光标指针移至字信号编辑区的某一位,用鼠标器单击后,由键盘输入如二进制数码的字信号,光标自左至右,自上至下移位,可连续地输入字信号。

在字信号显示(Display)编辑区可以编辑或显示字信号格式有关的信息。字信号发生器被激活后,字信号按照一定的规律逐行从底部的输出端送出,同时在面板的底部对应于各输出端的小圆圈内,实时显示输出字信号各个位(bit)的值。

字信号的输出方式分为 Step(单步)、Burst(单帧)、Cycle(循环)3 种。用鼠标单击一次 Step 按钮,字信号输出一条。这种方式可用于对电路进行单步调试。用鼠标单击 Burst 按钮,则从首地址开始至本地址连续逐条地输出字信号。用鼠标单击 Cycle 按钮,则循环不断地进行 Burst 方式的输出。Burst 和 Cycle 情况下的输出节奏由输出频率的设置决定。Burst 输出方式时,当运行至该地址时输出暂停。再用鼠标单击 Pause 则恢复输出。

字信号的触发方式分为 Internal(内部)和 External(外部)两种。当选择 Internal(内部)触发方式时,字信号的输出直接由输出方式按钮(Step,Burst,Cycle)启动。当选择 External(外部)触发方式时,则需接入外触发脉冲,并定义"上升沿触发"或"下降沿触发"。然后单击输出方式按钮,待触发脉冲到来时才启动输出。此外,在数据准备好输出端,还可以得到与输出字信号同步的时钟脉冲输出。

字信号的存盘、重用、清除等操作。用鼠标单击 Set 按钮,弹出 Pre-setting patterns 对话框,在对话框中 Clear buffer(清字信号编辑区)、Open(打开字信号文件)、Save(保存字信号文件)3 个选项用于对编辑区的字信号进行相应的操作。

(5)逻辑转换仪(Logic Converter)

逻辑转换仪是 Multisim 特有的仪器,能够完成真值表、逻辑表达式和逻辑电路三者之间的相互转换,实际中不存在与此对应的设备。逻辑转换仪面板及转换方式选择如图 6.1.14 和图 6.1.15 所示。

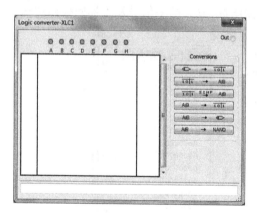

图 6.1.14　逻辑转换仪面板

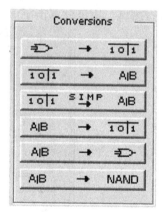

图 6.1.15　转换方式选择图

①逻辑电路——真值表

逻辑转换仪可以导出多路(最多 8 路)输入 1 路输出的逻辑电路的真值表。首先画出逻辑电路,并将其输入端接至逻辑转换仪的输入端,输出端连至逻辑转换仪的输出端。按下"电路——真值表"按钮,在逻辑转换仪的显示窗口,即真值表区出现该电路的真值表。

②真值表——逻辑表达式

真值表的建立:一种方法是根据输入端数,用鼠标单击逻辑转换仪面板顶部代表输入端的小圆圈,选定输入信号(由 A 至 H)。此时真值表区自动出现输入信号的所有组合,而输出列的初始值全部为零。可根据所需要的逻辑关系修改真值表的输出值而建立真值表;另一种方法是由电路图通过逻辑转换仪转换过来的真值表。

对已在真值表区建立的真值表,用鼠标单击"真值表—逻辑表达式"按钮,在面板的底部逻辑表达式栏出现相应的逻辑表达式。如果要简化该表达式或直接由真值表得到简化的逻辑表达式,单击"真值表—简化表达式"按钮后,在逻辑表达式栏中出现相应的该真值表的简化逻辑表达式。在逻辑表达式中的"'"表示逻辑变量的"非"。

③表达式——真值表、逻辑电路或逻辑与非门电路

可以直接在逻辑表达式栏中输入逻辑表达式,"与—或"式及"或—与"式均可,然后按下"表达式—真值表"按钮得到相应的真值表;按下"表达式—电路"按钮得相应的逻辑电路;按下"表达式—与非门电路"按钮得到由与非门构成的逻辑电路。

6.1.4　Multisim 基本分析方法

1)直流工作点分析(DC Operating Point Analysis)

直流工作点分析也称为静态工作点分析,电路的直流分析是在电路中电容开路、电感短路时,计算电路的直流工作点,即在恒定激励条件下求电路的稳态值。

在电路工作时,无论是大信号还是小信号,都必须给半导体器件以正确的偏置,使其工作在所需的区域,这就是直流分析要解决的问题。了解电路的直流工作点,才能进一步分析电路在交流信号作用下电路能否正常工作。求解电路的直流工作点在电路分析过程中至关重要。

2)交流分析(AC Analysis)

交流分析是在正弦小信号工作条件下的一种频域分析。它计算电路的幅频特性和相频特性,是一种线性分析方法。Multisim 在进行交流频率分析时,首先分析电路的直流工作点,并在直流工作点处对各个非线性元件作线性化处理,得到线性化的交流小信号等效电路,用交流小信号等效电路计算电路输出交流信号的变化。

在进行交流分析时,电路工作区中自行设置的输入信号将被忽略。也就是说,无论给电路的信号源设置的是三角波还是矩形波,进行交流分析时,都将自动设置为正弦波信号,分析电路随正弦信号频率变化的频率响应曲线。

3)瞬态分析(Transient Analysis)

瞬态分析是一种非线性时域分析方法,在给定输入激励信号时,分析电路输出端的瞬态响应。Multisim 在进行瞬态分析时,首先计算电路的初始状态,然后从初始时刻起,到某个给定的时间范围内,选择合理的时间步长,计算输出端在每个时间点的输出电压,输出电压由一个完整周期中的各个时间点的电压来决定。启动瞬态分析时,只要定义起始时间和终止时间,Multisim 可以自动调节合理的时间步进值,以兼顾分析精度和计算时需要的时间,也可以自行定义时间步长,以满足一些特殊要求。

4)傅里叶分析(Fourier Analysis)

傅里叶分析是一种分析复杂周期性信号的方法。它将非正弦周期信号分解为一系列正弦波、余弦波和直流分量之和。傅里叶分析以图表或图形方式给出信号电压分量的幅值频谱和相位频谱。傅里叶分析同时也计算了信号的总谐波失真(THD),THD 定义为信号的各次谐波幅度平方和的平方根再除以信号的基波幅度,并以百分数表示。

5）**失真分析**（Distortion Analysis）

放大电路输出信号的失真通常是由电路增益的非线性与相位不一致造成的。增益的非线性将会产生谐波失真，相位的不一致将产生互调失真。Multisim 失真分析通常用于分析那些采用瞬态分析不易察觉的微小失真。如果电路有一个交流信号，Multisim 的失真分析将计算每点的两次和 3 次谐波的复变值；如果电路有两个交流信号，则分析 3 个特定频率的复变值，这 3 个频率分别是：(f_1+f_2)，(f_1-f_2)，$(2f_1-f_2)$。

6）**噪声分析**（Noise Analysis）

电路中的电阻和半导体器件在工作时都会产生噪声，噪声分析就是定量分析电路中噪声的大小。Multisim 提供热噪声、散弹噪声和闪烁噪声 3 种不同的噪声模型。噪声分析利用交流小信号等效电路，计算由电阻和半导体器件所产生的噪声总和。假设噪声源互不相关，而且这些噪声值都独立计算，总噪声等于各个噪声源对于特定输出节点的噪声均方根之和。

7）**直流扫描分析**（DC Sweep Analysis）

直流扫描分析是根据电路直流电源数值的变化，计算电路相应的直流工作点。在分析前可以选择直流电源的变化范围和增量。在进行直流扫描分析时，电路中的所有电容视为开路，所有电感视为短路。

在分析前，需要确定扫描的电源是一个还是两个，并确定分析的节点。如果只扫描一个电源，得到的是输出节点值与电源值的关系曲线。如果扫描两个电源，则输出曲线的数目等于第二个电源被扫描的点数。第二个电源的每一个扫描值，都对应一条输出节点值与第一个电源值的关系曲线。

8）**参数扫描分析**（Parameter Sweep Analysis）

参数扫描分析是在用户指定每个参数变化值的情况下，对电路的特性进行分析。在参数扫描分析中，变化的参数可以从温度参数扩展为独立电压源、独立电流源、温度、模型参数和全局参数等多种参数。显然，温度扫描分析也可以通过参数扫描分析来完成。

6.2 仿真实例——晶体管放大器电路

6.2.1 晶体管（单管）放大器电路基本原理

如图 6.2.1 所示为电阻分压式工作点稳定的单管放大器电路图。它的偏置电路采用 R_{B11} 和 R_{B12} 组成的分压电路，并在发射极中接有电阻 R_E，以稳定放大器的静态工作点。当在放大器的输入端加入输入信号 U_i 后，在放大器的输出端便可得到一个与 U_i 相位相反，幅值被放大了的输出信号 U_0，从而实现了电压放大。

打开 Multisim 14 软件，绘制如图 6.2.1 所示的单管放大电路图。具体步骤为：单击 分类图标，打开"Select a Component"窗口，选择需要的电阻、电容、晶体管、电源等元器件，放置到仿真工作区。

- 电阻：（Group）Basic→（Family）RESISTOR。
- 极性电容：（Group）Basic→（Family）CAP_ELECTROLIT。

- 电位器：(Group)Basic→(Family)POTENTIONMETER。
- 晶体管：(Group)Transistors→(Family)BJT_NPN→(Component)2N222A。
- 电源 V_{CC}：(Group)Sourses→(Family)POWER_SOURSES→(Component)V_{CC}。
- 地 GND：(Group)Sourses→(Family)POWER_SOURSES→(Component)GROUND。

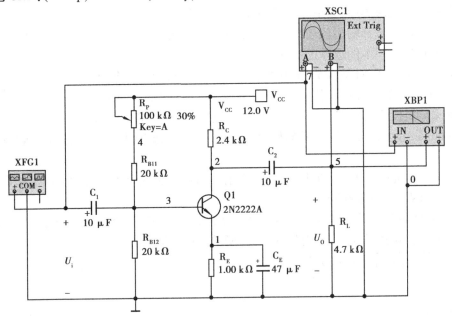

图 6.2.1　电阻分压式工作点稳定放大电路

在图 6.2.1 电路中，当流过偏置电阻 R_{B11} 和 R_{B12} 的电流远大于晶体管的基极电流 I_B 时(一般 5~10 倍)，则它的静态工作点可用下式估算

$$U_B \approx \frac{R_{B12}}{R_{B11} + R_{B12}} V_{CC} \tag{6.2.1}$$

$$I_E \approx \frac{U_B - U_{BE}}{R_E} \approx I_C \tag{6.2.2}$$

$$U_{CE} = V_{CC} - I_C(R_C + R_E) \tag{6.2.3}$$

电压放大倍数：$A_U \approx -\beta \dfrac{R_C // R_L}{r_{be}} V_{CC}$

输入电阻：$R_i = R_{B11} // R_{B12} // r_{be}$　　　输出电阻：$Ro \approx R_C$

式中，r_{be} 为三极管基极与发射极之间的电阻。

由于电子器件性能的分散性比较大，因此在设计和制作晶体管放大电路时，离不开测量和调试技术。在设计前应测量所用元器件的参数，为电路设计提供必要的依据，在完成设计和装配以后，还必须测量和调试放大器的静态工作点和各项性能指标。一个优质放大器，必定是理论设计与实验调整相结合的产物。因此，除了掌握放大器的理论知识和设计方法外，还必须掌握必要的测量和调试技术。

6.2.2 单管放大器静态工作点的分析

1)函数信号发生器参数设置

双击函数信号发生器图标,出现如图 6.2.2 所示的面板图,改动面板上的相关设置,可改变输出电压信号的波形类型、大小、占空比或偏置电压等。

Waveforms 区:选择输出信号的波形类型,输出信号的波形类型有正弦波、三角波和方波 3 种周期信号供选择。本例选择正弦波。

Signal Options 区:对 Waveforms 区中选取的信号进行相关参数设置。

Frequency:设置所要产生信号的频率,范围在 1 fHz~1 000 THz。本例选择 1 kHz。

Duty Cycle:设置所要产生信号的占空比。设定范围为 1%~99%。

Amplitude:设置所要产生信号的最大值(电压),其可选范围从 1 fμV 级到 1 000 TV。本例选择 10 mV。

Offset:设置偏置电压值,即把正弦波、三角波、方波叠加在设置的偏置电压上输出,可选范围从-1 000 TV 级到 1 000 TV。

Set Rise/Fall Time 按钮:设置所要产生信号的上升时间与下降时间,而该按钮只有在产生方波时有效。点击该按钮后,出现如图 6.2.3 所示的对话框。

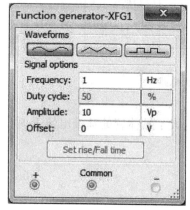

图 6.2.2 函数信号发生器面板图

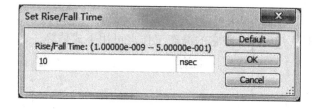

图 6.2.3 Set Rise/Fall Time 对话框

此时,请在栏中以指数格式设定上升时间(下降时间),再点击"OK"按钮即可。如点击"Default",则恢复为默认值 10nsec。注意:当所有面板参数设置完成后,可关闭其面板对话框,仪器图标将保持输出的波形。

2)电位器 R_p 参数设置

双击电位器 R_p,出现如图 6.2.4 所示对话框,点击 Value 选项。

Key 区:调整电位器大小所按键盘。

Increment 区:设置电位器按百分比增加或减少。

调整图中电位器 R_p 确定静态工作点。电位器 R_p 旁标注的文字"Key=A"表明按动键盘上 A 键,电位器的阻值按 5% 的速度增加;若要减小,按动 Shift+A 键,阻值将以 5% 的速度减小。电位器变动的数值大小直接以百分比的形式显示在一旁。启动仿真电源开关,反复按键盘上的 Shift+A 键。双击示波器图标,观察示波器输出波形如图 6.2.5 所示。

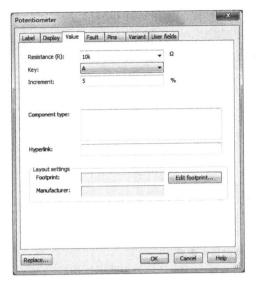

图 6.2.4　Potentiometer 对话框

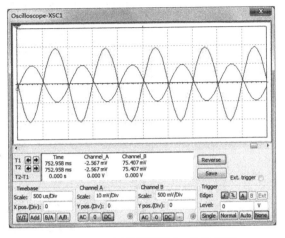

图 6.2.5　示波器显示输入、输出波形

3) 直流工作点分析

在输出波形不失真情况下,点击"Options"—"Preferences"—"Show node names"使图 6.2.1 显示节点编号,然后点击"Simulate"—"Analysis and Simulation"—"DC operating Point",选择需要用来仿真的变量,如图 6.2.6 所示,然后点击"Run"按钮,系统自动显示出运行结果,如图 6.2.7 所示。

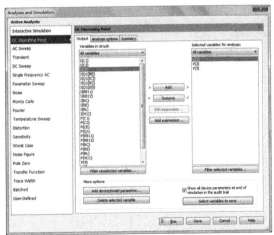

图 6.2.6　Analysis and Simulation—DC
operating Point 对话框

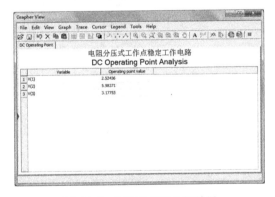

图 6.2.7　直流分析法分析结果

4) 电路直流扫描

直流扫描分析(DC Sweep Analysis)是利用一个或两个直流电源分析电路中某一节点上的直流工作点的数值变化的情况。本例选择图 6.2.1 电路中节点"2"的电压 $V2$ 的直流工作点的数值变化的情况。如图 6.2.6 所示对话框,点击"DC Sweep",选择需要用来仿真的变量 $V2$,然后点击"Run"按钮,仿真结果如图 6.2.8 所示。在图 6.2.8 中点击图标可显示/隐蔽指针,该指针与示波

器显示屏上的读数指针相同,即拖动指针可测出集电极的电位随电源电压变化的情况。

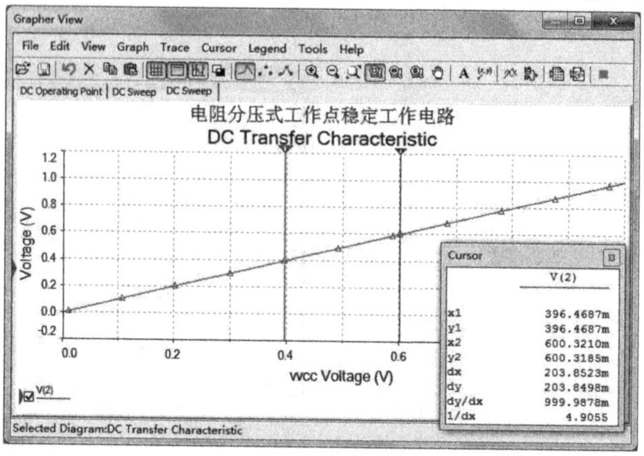

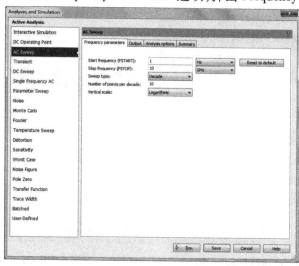

图 6.2.8　电阻分压式工作点稳定放大电路
中节点"2"直流扫描分析结果

6.2.3　单管放大器动态分析

用鼠标点击"Simulate"—"Analysis and Simulation"—"AC Sweep",如图 6.2.6 所示。将弹出 AC Sweep 对话框,进入交流分析状态。AC Sweep 对话框有 Frequency Parameters,Output,Analysis Options 和 Summary 4 个选项,如图 6.2.9 所示。本例中首先用鼠标点击其中 Output 选定节点 5 进行仿真,然后点击 Frequency Parameters 选项,弹出 Frequency Parameters 对话框

图 6.2.9　Analysis and Simulation—AC Sweep 对话框

1)Frequency Parameters **参数设置**

在 Frequency Parameters 参数设置对话框中,可以确定分析的起始频率、终点频率、扫描形式、分析采样点数和纵向坐标(Vertical scale)等参数。本例在 Start frequency 窗口中,设置分析的起始频率,设置为 1 Hz。在 Stop frequency(FSTOP)窗口中,设置扫描终点频率,设置为 100 GHz。在 Sweep type 窗口中,设置分析的扫描方式为 Decade(十倍程扫描)。在 Number of points per decade 窗口中,设置每十倍频率的分析采样数,默认为 10。在 Vertical Scale 窗口中,选择纵坐标刻度形式为 Logarithmic(对数)形式,默认设置为对数形式。

2)恢复默认设置

点击"Reset to default"按钮,即可恢复默认值。

3)分析节点的频率特性波形

点击"Run"按钮,即可在显示图上获得被分析节点的频率特性波形。交流分析的结果,可以显示幅频特性和相频特性两个图,仿真分析结果如图 6.2.10 所示。如果用波特图示仪连至电路的输入端和被测节点,双击波特图示仪,同样也可以获得交流频率特性,显示结果如图 6.2.11 所示。

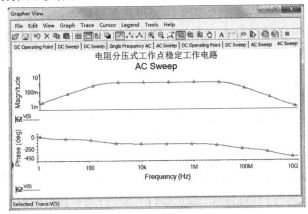

图 6.2.10　AC Sweep 仿真分析结果

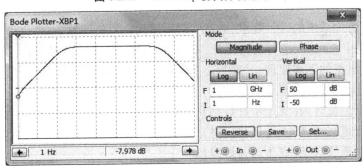

(a)幅频特性

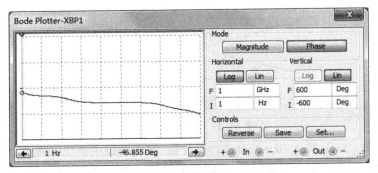

(b)相频特性

图 6.2.11　波特图示仪测试频率特性显示

4)放大器幅值及频率测试

双击示波器图标,通过拖拽示波器面板(见图 6.2.5)中的指针可分别测出输出电压的峰峰值及周期。

6.3 交通信号控制系统的设计与开发

交通管理系统是一个城市交通管理的重要组成部分,其性能的好坏直接关系到城市的现代化水平,这里设计的电子电路系统模拟十字路口的交通灯管理。在十字路口的正中,面对各方向悬挂红、黄、绿三色信号灯及表示禁止(或允许)通行时间的数码显示牌。包括信号灯(红、黄、绿三色信号灯)管理和时间牌管理。

6.3.1 交通灯管理系统的设计要求

①一个十字路口交通灯控制电路,要求主干道与支干道交替通行。主干道通行时,主干道绿灯亮,支干道红灯亮,时间为 60 s。支干道通行时,支干道绿灯亮,主干道红灯亮,时间为 30 s。

②每次绿灯变红时,要求黄灯先闪烁 3 s(频率为 5 Hz)。此时另一路口红灯不变。

③绿灯亮(通行时间内)和红灯亮(禁止通行时间内)均有倒计时显示。

6.3.2 交通灯管理系统的工作原理

分析交通灯管理系统的设计要求,电路实现可采用单片机控制方式,也可采用数字电路控制方式。考虑到用 Multisim 进行仿真设计,本系统选用数字电路控制方式,并根据设计要求,按单元电路分析电路的工作原理。如图 6.3.1 所示,交通灯显示流程分 4 个阶段。

①阶段:主干道绿灯亮(支干道红灯亮)。

②阶段:主干道黄灯闪(支干道红灯亮)。

③阶段:主干道红灯亮(支干道绿灯亮)。

④阶段:主干道红灯亮(支干道黄灯闪)。

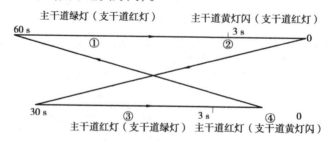

图 6.3.1 交通灯显示流程

时间牌从 60 s 到 0,又从 30 s 到 0 进行减计数,因此需要用到减计数器,具体应选用输出是两位 BCD 码的减计数器。如果按秒减,则需要提供秒脉冲,假设黄灯按 5 Hz 闪烁,则需要提供 5 Hz 脉冲。这两个脉冲信号则由时钟发生电路提供,可先设计一个频率稍高的脉冲信号如 100 Hz,再进行分频得到,这样有利于保证精确度。

当减计数至 0 s 时,红绿灯交替。这意味着,应将 0 s 这种状态识别出来,作为"检 0 信号",控制计数器置入另一组数据 30 或 60,并控制红绿灯的交替。当减计数至小于等于 3 s 时,黄灯闪烁。这意味着,应能将 01~03 s 从计数结果中识别出来,故应有"检 3 信号"承担对 01~03 s 的译码任务,并有"黄灯闪烁控制电路"控制黄灯的闪烁。

系统中应有译码显示电路,承担计数结果的显示任务。系统中应有信号灯驱动电路,承担驱动信号灯(红、黄、绿三色信号灯)发光的任务。

按以上分析,可设计交通信号控制系统的原理框图,如图 6.3.2 所示。

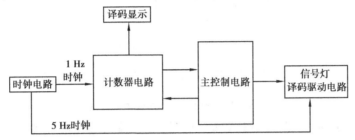

图 6.3.2　交通信号控制系统的原理框图

6.3.3　Multisim 14 在交通信号控制系统设计中的应用

根据交通信号控制系统的功能要求,确定了交通信号控制系统的设计方案,设计了系统的原理框图和单元电路。通过用 Multisim 对交通信号控制系统的仿真分析,说明复杂电路系统仿真分析的步骤和方法,建立对综合性电路的设计思路。

1)单元模块电路的设计

用 Multisim 仿真时,将硬件电路分为时钟产生模块、计数器模块、译码模块、主控制电路模块,其他部件如 LED 数码管、红、黄、绿信号灯放在总体电路中,以便观察结果。在这里,时钟产生模块分成 100 Hz 时钟产生电路和分频电路两部分。

2)100 Hz 时钟产生电路模块的设计和封装

100 Hz 时钟产生电路模块的设计步骤如下:

(1)创建电路

这里利用 555 组成多谐振荡器,利用电容 C1 的充放电,得到输出矩形波,如图 6.3.3 所示。选择元器件创建 100 Hz 时钟产生电路,并用示波器测试 A 点输出波形和 B 点电容 C1 的充放电波形,调试相关参数,使输出波形频率为 100 Hz,并记录元件参数和波形。

(2)添加模块引脚

选择"Place"→"Connectors"→"Hierarchical connector"命令,将其更名为 100 Hz。

(3)存储文件

单击存储按钮,将编辑的图形文件存盘,文件名为"555 产生的时钟脉冲模块.ms14"。

(4)模块封装

模块封装在总体电路设计环境中进行。

3)分频电路模块的设计和封装

(1)创建电路

选择元器件创建分频电路,如图 6.3.4 所示。在 100 Hz 处加入 CLOCK_VOLTAGE,输入

169

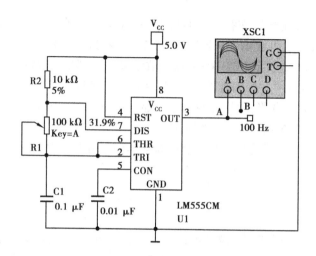

图 6.3.3　100 Hz 时钟产生电路模块

100 Hz 脉冲信号,用示波器观察输入输出信号,观察输入输出频率关系并作好波形记录。此处选用两个 74LS192 加计数级联进行 20 分频和 100 分频得到 5 Hz 和 1 Hz 时钟脉冲信号。

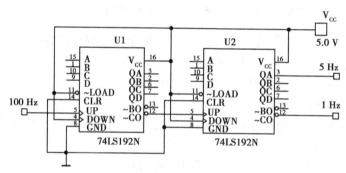

图 6.3.4　分频电路模块

(2)添加模块引脚

在需要外接的地方加入引脚 100 Hz,5 Hz 和 1 Hz。

(3)存储文件

单击存储按钮,将编辑的图形文件存盘,文件名为"分频电路模块.ms14"。

4)**计数器电路模块的设计与封装**

计数器电路模块的设计步骤如下:

(1)创建电路

选择元器件创建计数器电路,如图 6.3.5 所示。这里选用两个 74LS192 减计数级联组成 100 进制减计数器,1 Hz 作为计数脉冲,L_QD ~ L_QA 为个位的四位二进制数据输出端,H_QD ~ H_QA 为十位的四位二进制数据输出端,LD 作为置数控制端,C,A 作为可改变的置入数据,都受主控制电路控制。这里为什么单独把 C 和 A 提出来控制,是因为每次计数到 0 后,置入的数据需要改变,上一次是 60,下一次就是 30,当 C 为 1,A 为 0 时,置入数据为 60,当 C 为 0,A 为 1 时,置入数据为 30。置数发生在 LD 负脉冲瞬间。

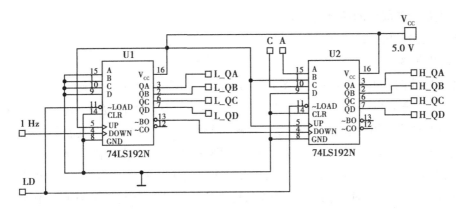

图 6.3.5　计数器电路模块

（2）添加模块引脚

在需要外接的地方加入引脚。

（3）存储文件

单击存储按钮,将编辑的图形文件存盘,文件名为"计数器电路模块.ms14"。

5）译码电路模块的设计与封装

译码电路模块的设计步骤如下：

（1）创建电路

选择元器件创建计数器电路,如图 6.3.6 所示。这里用共阴极数码管译码器 4511 作为译码器件,输出的每一段串联一个限流电阻,防止输出电流过大,烧毁数码管。

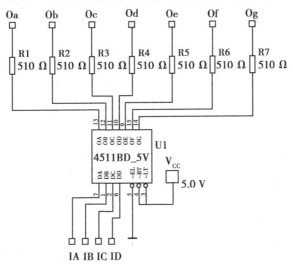

图 6.3.6　译码电路模块

（2）添加模块引脚

在 4 个输入端 ID~IA 和 7 个输出端 Og~Oa 接入模块引脚。

（3）存储文件

单击存储按钮,将编辑的图形文件存盘,文件名为"译码电路模块.ms14"。

6）主控制电路模块的设计与封装

主控制电路模块设计步骤如下：

（1）创建电路

选择元器件创建主控制电路，如图6.3.7所示。这里用一个8输入或门作为"检0信号"，当计数到0时，输出LD为0，使得计数器置数。置数后LD马上恢复至1，使得计数器又进入计数状态，LD的上升沿触发D触发器，使得触发器输出端1Q和~1Q发生翻转，也就是C和A的数据发生翻转，为下一次置数准备好数据。如图6.3.8所示为主控制电路的时序图，从图中可以看出，在C为1期间，主干道红灯亮，因此，R1直接接C即可，在A为1期间，需要把后3 s区分出来，这里用6输入或非门作为"检3信号"，当为最后3 s时，输出为1，控制5 Hz信号进入Y1，使得黄灯Y1闪烁，其余则绿灯G1亮。

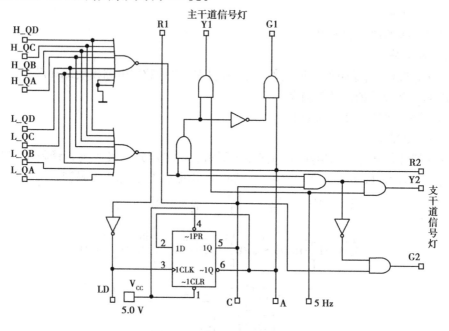

图6.3.7　主控制电路模块

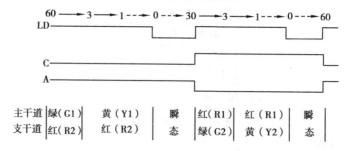

图6.3.8　主控制电路模块时序图

（2）添加模块引脚

H_QD～H_QA 为十位计数器输出端，L_QD～L_QA 为个位计数器输出端，R1，Y1，G1 分别为主干道的红黄绿灯，R2，Y2，G2 分别为支干道的红黄绿灯，LD 为置数控制端，5 Hz 为控制黄灯闪烁的脉冲输入端，C 和 A 为置数数据输入端。

（3）存储文件

单击储存按钮，将编辑的图形文件存盘，文件名为"主控制电路模块.ms14"。

6.3.4　总体电路的设计和仿真

1）总体电路的设计

总体电路的设计步骤如下：

①放置模块电路。新建文件，命名为"交通灯总电路"。单击放置模块按钮，如图 6.3.9 所示。

图 6.3.9　放置模块按钮示意图

②在弹出的"打开"对话框中选择要封装的模块电路文件"计数器电路模块.ms14"，如图 6.3.10 所示。

③单击"打开"按钮，即可实现对电路文件的封装，封装模型如图 6.3.11 所示。

图 6.3.10　选择封装的模块电路文件

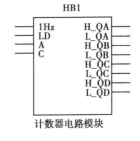

图 6.3.11　封装模型

④在模块图标上右击，选择"Edit symbol"—"title block"（编辑符号/标题栏）命令，可编辑封装模型的输入输出引脚，如图 6.3.12 所示。编辑时，通常将输入引脚放在模型的左边，将输出引脚放在模型的右边。经调整后的封装模型如图 6.3.13 所示，在模块图标上双击，可对模块内部电路重新调整和编辑。

⑤依次放置"555 产生的时钟脉冲模块""分频电路模块""计数器电路模块""主控制电路模块""译码电路模块"，并根据连线需要调整输入输出引脚位置，调整布局，并调入显示器件七段数码管和指示灯，并进行连线，创建交通管理控制总体电路，如图 6.3.14 所示。

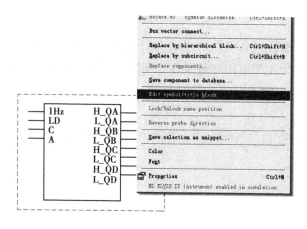

图 6.3.12 编辑封装模型的引脚

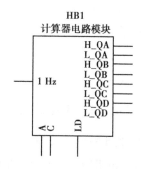

图 6.3.13 封装后的封装模型

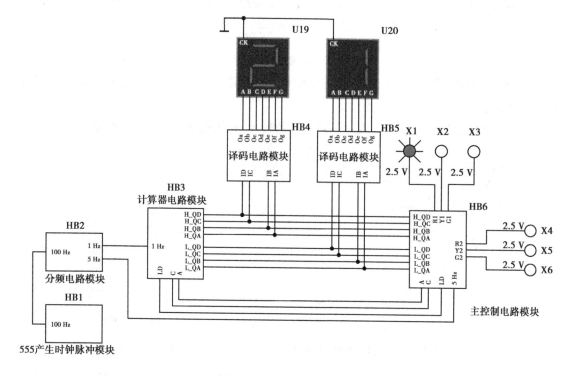

图 6.3.14 交通灯总电路

2）仿真分析和操作说明

①仿真运行：单击运行按钮，进行仿真分析，观察仿真结果。

②操作说明：可在总电路里放置一个示波器，监测 1 Hz，LD，C，A 几个点，并观察其波形，观察数码管变化是否发生在 1 Hz 的上升沿，最后 3 s 是否有绿灯变黄灯闪烁，计数到 0 时 LD 是否出现负脉冲，A 和 C 的数据是否发生翻转。

3）复杂电路系统仿真应注意的事项

①采用模块化设计和封装，先对单元电路模块进行仿真分析，再对总体电路进行仿真分析，以提高仿真效率，并使总体电路简单。

②在进行电路设计时,对于输入(如开关)、输出(如 LED 数码管、指示灯、示波器)等不进行封装操作,以便在总体电路中,容易观察和调整输入输出结果。

③为提高仿真效率,对于电路系统需要用到的时钟脉冲、输出显示部件,设计时可先用系统中的模型替代。等仿真结果满足要求以后,再将自己设计的脉冲产生电路模块、显示模块接入总电路中。

6.3.5 实验要求

①按任务要求设计交通信号控制系统,并分模块进行仿真和总体电路调试。
②设计任务中把后 3 s 黄灯闪烁改成后 5 s 黄灯闪烁,试设计出该电路并进行仿真。
③设计任务中把 60 s 和 30 s 分别改为 30 s 和 20 s,试设计出该电路并进行仿真。

6.3.6 元件介绍

8 输入或非门/或门 CD4078 的引脚图如图 6.3.15 所示,其逻辑功能为

$$Y = A + B + C + D + E + F + G + H$$
$$Y' = (A + B + C + D + E + F + G + H)'$$

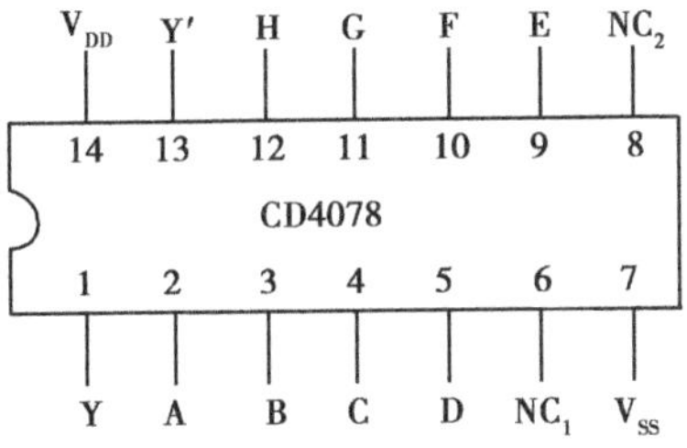

图 6.3.15 8 输入或非门/或门 CD4078 引脚图

其逻辑功能见表 6.3.1。

表 6.3.1 CD4078 逻辑功能表

输　　入								输　　出	
A	B	C	D	E	F	G	H	Y	Y'
0	0	0	0	0	0	0	0	0	1
1	×	×	×	×	×	×	×	1	0
×	1	×	×	×	×	×	×	1	0
×	×	1	×	×	×	×	×	1	0
×	×	×	1	×	×	×	×	1	0
×	×	×	×	1	×	×	×	1	0
×	×	×	×	×	1	×	×	1	0
×	×	×	×	×	×	1	×	1	0
×	×	×	×	×	×	×	1	1	0

6.3.7 预习要求及思考题

①本设计是怎样通过数据 0 的检测而实现数据重载的？

②重载数据 30 s,60 s 是怎样实现切换的？

③本设计怎样实现最后 3 s 的检测,并在最后 3 s 怎样实现黄灯的闪烁？

④试用其他芯片进行设计。如脉冲发生电路改用门电路进行设计、分频电路改用 74LS390、计数器电路改用 74LS160、译码器电路改用 74LS47 或 74LS48,试设计出对应的模块。

附　录

附录一　TTL 集成电路和 CMOS 集成电路使用规则

一、TTL 集成电路使用规则

1.接插集成块时,要认清定位标记,不得插反。

2.电源电压使用范围为+4.5～+5.5 V,实验中要求使用 V_{CC} = +5 V。电源极性绝对不允许接错。

3.闲置输入端处理方法:

(1)悬空,相当于正逻辑 1,对于一般小规模集成电路的数据输入端,实验时允许悬空处理。但易受外界干扰,导致电路的逻辑功能不正常。因此,对于接有长线的输入端,中规模以上的集成电路和使用集成电路较多的复杂电路,所有控制输入端必须按逻辑要求接入电路,不允许悬空。

(2)直接接电源电压 V_{CC}(也可以串入一只 1～10 kΩ 的固定电阻)或接至某一固定电压(+2.4 V<V<+4.5 V)的电源上,或与输入为接地的多余与非门的输出端相接。

(3)若前级驱动能力允许,可以与使用的输入端并联。

4.输入端通过电阻接地,电阻值的大小将直接影响电路所处的状态。当 $R \leqslant 680\ \Omega$ 时,输入端相当于逻辑 0;当 $R \geqslant 4.7$ kΩ 时,输入端相当于逻辑 1。对于不同系列的器件,要求的阻值不同。

5.输出端不允许并联使用(集电极开路门(OC)和三态输出门电路(3C)除外),否则不仅会使电路逻辑功能混乱,并会导致器件损坏。

6.输出端不允许直接接地或直接接+5 V 电源,否则将损坏器件,有时为了使后级电路获得较高的输出电平,允许输出端通过电阻 R 接至 V_{CC},一般取 R = 3～5.1 kΩ。

二、CMOS 集成电路使用规则

1.U_{DD}接电源正极,U_{SS}接电源负极(通常接地),不得接反。CC4000 系列的电源允许电压范围为+3~+18 V,实验中一般要求使用+5~+15 V。

2.所有输入端一律不准悬空。

闲置输入端的处理方法:

(1)按照逻辑要求,直接接 U_{DD}(与非门)或 U_{SS}(或非门)。

(2)在工作电平不高的电路中,允许输入端并联使用。

3.输出端不允许直接接 U_{DD} 或 U_{SS},否则将导致器件损坏。

4.在装接电路,改变电路连接或插、拔电路时,均应切断电源,严禁带电操作。

5.焊接、测试和储存时的注意事项:

(1)电路应存放在导电的容器内,有良好的静电屏蔽。

(2)焊接时必须切断电源,电烙铁外壳必须良好接地,或拔下电烙铁,靠其余热焊接。

(3)所有的测试仪器必须良好接地。

(4)若信号源与 CMOS 器件使用两组电源供电,应先开 CMOS 电源,关机时先关信号源,最后再关 CMOS 电源。

附录二 集成逻辑门电路新、旧图形符号对照

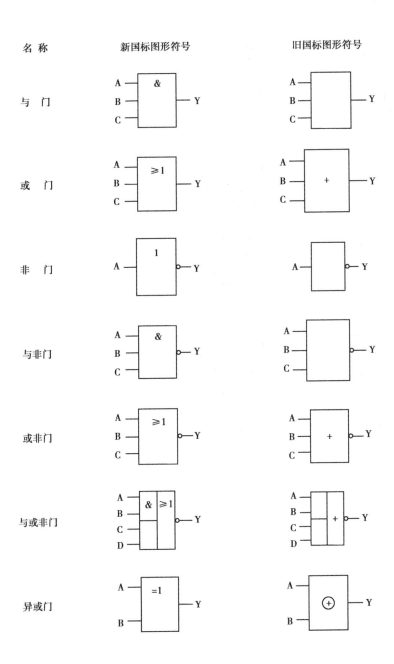

名 称	新国标图形符号	旧国标图形符号
与 门		
或 门		
非 门		
与非门		
或非门		
与或非门		
异或门		

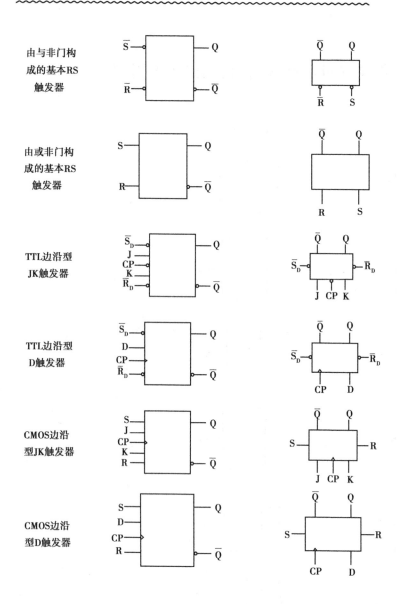

附录三 部分集成电路引脚排列

74LS 系列

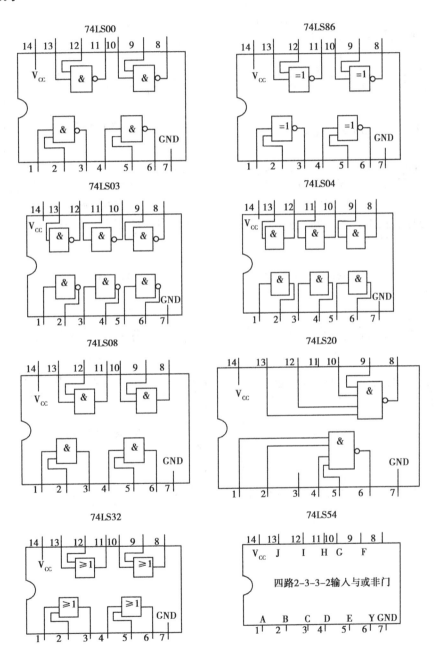

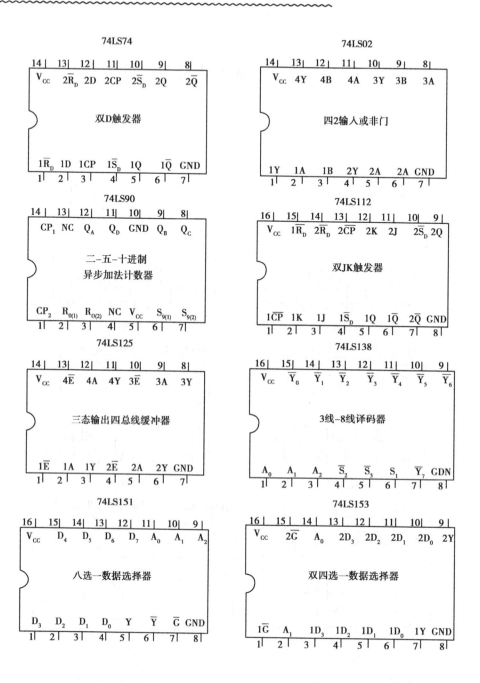

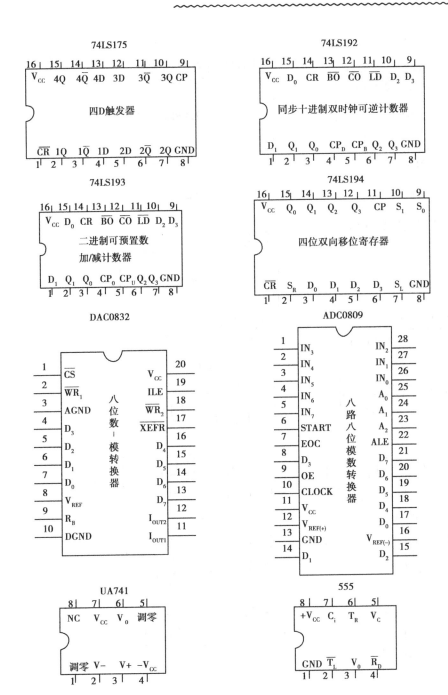

74LS175
四D触发器

74LS192
同步十进制双时钟可逆计数器

74LS193
二进制可预置数
加/减计数器

74LS194
四位双向移位寄存器

DAC0832
八位数-模转换器

ADC0809
八路八位模数转换器

UA741

555

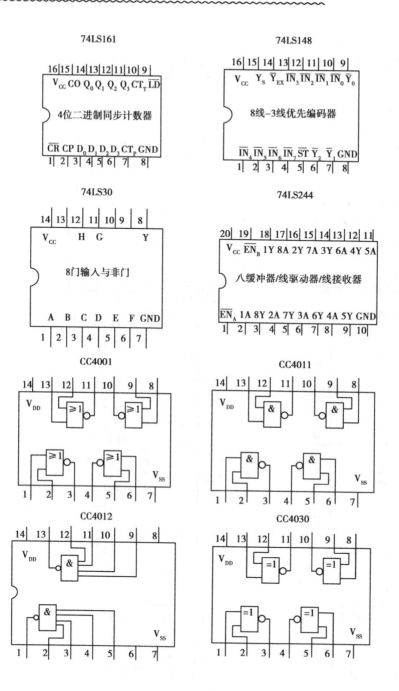

74LS161

16 15 14 13 12 11 10 9

V_{CC} CO Q_0 Q_1 Q_2 Q_3 CT_T $\overline{LD}$

4位二进制同步计数器

$\overline{CR}$ CP D_0 D_1 D_2 D_3 CT_P GND

1 2 3 4 5 6 7 8

74LS148

16 15 14 13 12 11 10 9

V_{CC} Y_S $\overline{Y}_{EX}$ $\overline{IN}_3$ $\overline{IN}_2$ $\overline{IN}_1$ $\overline{IN}_0$ $\overline{Y}_0$

8线–3线优先编码器

$\overline{IN}_4$ $\overline{IN}_5$ $\overline{IN}_6$ $\overline{IN}_7$ $\overline{ST}$ $\overline{Y}_2$ $\overline{Y}_1$ GND

1 2 3 4 5 6 7 8

74LS30

14 13 12 11 10 9 8

V_{CC} H G Y

8门输入与非门

A B C D E F GND

1 2 3 4 5 6 7

74LS244

20 19 18 17 16 15 14 13 12 11

V_{CC} $\overline{EN}_B$ 1Y 8A 2Y 7A 3Y 6A 4Y 5A

八缓冲器/线驱动器/线接收器

$\overline{EN}_A$ 1A 8Y 2A 7Y 3A 6Y 4A 5Y GND

1 2 3 4 5 6 7 8 9 10

CC4001

14 13 12 11 10 9 8

V_{DD}

V_{SS}

1 2 3 4 5 6 7

CC4011

14 13 12 11 10 9 8

V_{DD}

V_{SS}

1 2 3 4 5 6 7

CC4012

14 13 12 11 10 9 8

V_{DD}

V_{SS}

1 2 3 4 5 6 7

CC4030

14 13 12 11 10 9 8

V_{DD}

V_{SS}

1 2 3 4 5 6 7

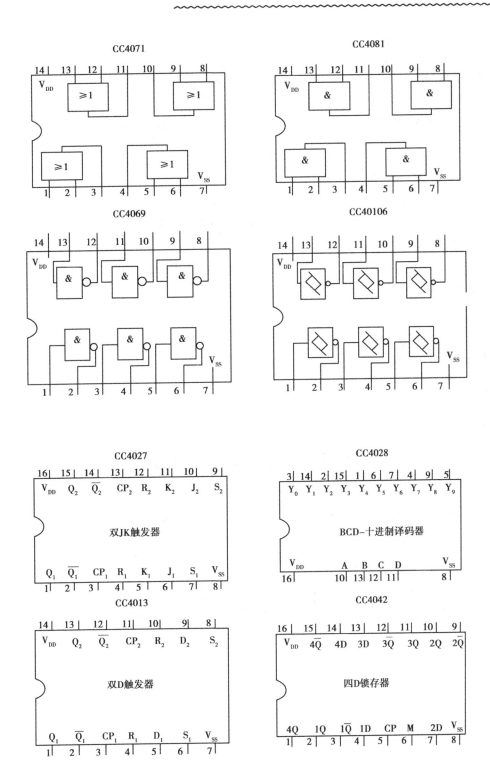

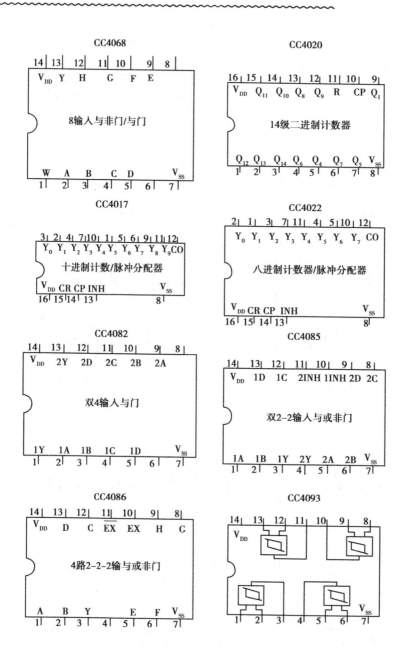

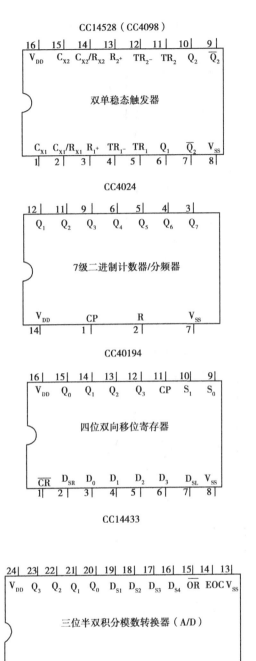

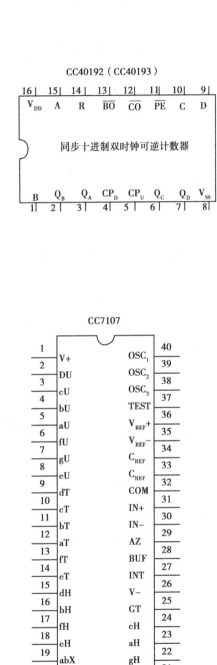

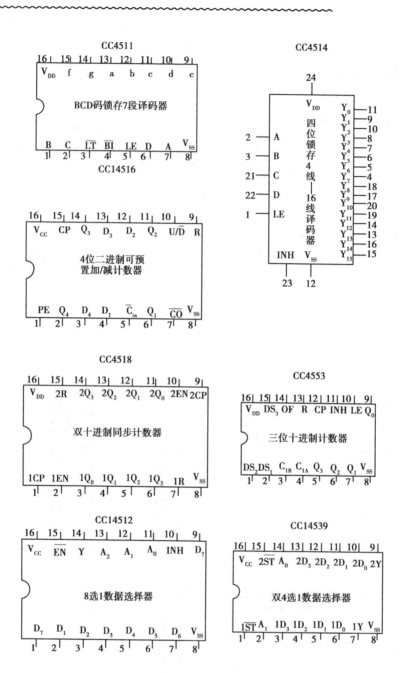

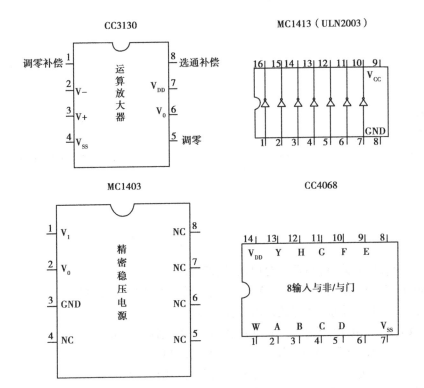

参考文献

[1] 秦曾煌.电工学[M].7 版.北京:高等教育出版社,2011.

[2] 朱伟兴.电工电子应用技术(电工学 II)[M].北京:高等教育出版社,2011.

[3] 林育兹.电工学实验[M].北京:高等教育出版社,2010.

[4] 朱承高,吴月梅.电工及电子实验[M].北京:高等教育出版社,2010.

[5] 王建华.电工学实验[M].4 版.北京:高等教育出版社,2011.

[6] 胡仁杰.电工电子创新实验[M].北京:高等教育出版社,2010.

[7] 王传兴.电子技术基础实验[M].北京:高等教育出版社,2006.

[8] 雷勇.电工学实验[M].北京:高等教育出版社,2009.

[9] 周誉昌,蒋力立.电工电子技术实验[M].北京:高等教育出版社,2009.

[10] 李立,赵葵银,李朝建.电工学实验指导[M].北京:高等教育出版社,2009.

[11] 杨奕.电工电子技术实验[M].北京:高等教育出版社,2013.

[12] 邓泽霞.电路电子实验教程[M].北京:国防工业出版社,2014.

[13] 古良玲,王玉菡.电子技术实验与 Multisim 12 仿真[M].北京:机械工业出版社,2011.